走自己的路

一切皆有可能

晓媛 编著

煤炭工业出版社

·北京·

图书在版编目（CIP）数据

走自己的路，一切皆有可能/晓嫒编著. --北京：煤炭工业出版社，2019 (2021.5 重印)

ISBN 978-7-5020-7337-4

Ⅰ.①走… Ⅱ.①晓… Ⅲ.①成功心理—通俗读物 Ⅳ.①B848.4-49

中国版本图书馆CIP数据核字（2019）第 054837 号

走自己的路，一切皆有可能

编　　著	晓　嫒
责任编辑	马明仁
编　　辑	郭浩亮
封面设计	浩　天

出版发行	煤炭工业出版社（北京市朝阳区芍药居35号　100029）
电　　话	010-84657898（总编室）　010-84657880（读者服务部）
网　　址	www.cciph.com.cn
印　　刷	三河市京兰印务有限公司
经　　销	全国新华书店
开　　本	880mm×1230mm $^1/_{32}$　　印张 $7^1/_2$　字数 150 千字
版　　次	2019年7月第1版　　2021年5月第2次印刷
社内编号	20180645　　　　　　　定价 38.80 元

版权所有　违者必究

本书如有缺页、倒页、脱页等质量问题，本社负责调换，电话：010-84657880

前 言

改变工作中的"不可能",首先就不要用"心灵之套"把自己套住,只要有了"变"的理念,就一定能够找到"变"的方法。

在遇到困难的时候,我们需要做的就是及时换个思路,多尝试几种方法,具有变负为正的勇气与气魄和改变"不可能"的智慧与方法,相信困难只能成为你的一块磨砺石,而绝非拦路石。

没有什么是绝对的,也没有什么是不可能的。成败的差距不仅在于客观事实,也同样在于毅力和方法。或许今日在你眼中,这件事是绝对不可能的,但或许不久它就能被实现。就如同人类以前总是做着在天空飞翔的梦,最终发明了飞机,实现

了这一"不可能"的梦想。

　　为什么很多人认为不可能的事情，最终都能成为了现实呢？关键的一点，就是抛弃了"不可能"的念头，只想着如何解决问题，想着如何全力以赴，穷尽所有的努力。

　　如果你真的希望能解决问题，真的渴望寻找到好的方法，那么，请打破你心灵上的限制，不要再用"不可能"来逃避问题。正如拿破仑所说："'不可能'是傻瓜才用的词！"

　　在人们的传统职场思维中，工作中存在着许多禁区，这是不能做的，那是不能想的，许许多多的事情都被贴上了"不可能"的标签。然而，带着思想工作的人却要向这一思维定式挑战，因为他们知道"不可能"可以变为"可能"。

目 录

|第一章|

没有不可能

一切皆有可能 / 3

变"不可能"为"可能" / 8

工作中突破"不可能" / 12

杜绝托辞 / 21

用心工作 / 24

把工作做到最好 / 30

|第二章|

在逆境中崛起

不要给"我能"设限 / 37

打破"不可能"的束缚 / 41

把"我不行"改为"我能行" / 48

不要害怕讥讽 / 55

不要气馁 / 64

在逆境中崛起 / 73

|第三章|

敢于挑战"不可能"

不断挑战自己 / 85

向高难度工作挑战 / 91

大胆地去进攻 / 93

主动出击才能抢占先机 / 101

工作需要坚强耐心 / 105

把一切做得完美 / 112

目 录

| 第四章 |

获胜才是硬道理

获胜才是硬道理 / 119

"100-1=0" / 125

不要说"不知道" / 131

差之毫厘，谬之千里 / 135

以成败论英雄 / 139

敬业 / 144

| 第五章 |

勇敢实践

在工作中注入勇气 / 153

勇敢实践 / 157

有勇有谋 / 161

勇敢是每个优秀员工必备的品质 / 165

只要勇敢就不恐惧 / 169

|第六章|

工作没有贵贱之分

工作没有贵贱之分 / 177

以认真的态度对待每一项工作 / 181

任何工作都值得做好 / 184

把工作当作乐趣 / 187

做个热情的工作者 / 191

工作中无小事 / 193

超越平庸,选择完美 / 196

|第七章|

行动就有可能

现在就行动 / 203

行动是梦想的催化剂 / 211

不要懒怠,马上行动 / 215

立即行动 / 224

第一章　没有不可能

第一章　没有不可能

一切皆有可能

没有任何人敢确定什么是可能的,什么是不可能的,哪怕他是先知先觉。

在做一件事前,我们常会对自己说:"算了吧!这是不可能的。"其实所谓的"不可能",只是我们不敢去面对挑战的借口,只要大胆去尝试,就可以把很多"不可能"变成"可能"。

这个世界上没有什么不可能的事情,只要肯充分发挥自己的潜力,敢去做别人认为不能做、不可能做的事,就成功了一半。总喜欢说"不可能"的人,必定是一个失败之人。

因为他在做任何事情之前，首先想到的是失败的后果，根本没有勇气去设想成功的喜悦。这样，他在做事的过程中，就会不断地寻找各种困难作为放弃的理由，直至将本来有可能的事情，变得完全没有可能。

只有克服了"不可能"这种心理因素，才能将奋斗付诸行动，才能朝着既定的目标前进。而克服"不可能"的唯一办法就是牢固树立"一切皆有可能"的意识。当你树立起这种意识之后你就会发现，积极主动的心态取代了消极悲观的心态；对任何事情你都会主动尝试，而非被动接受；无论处境如何，你都会对未来充满希望；越来越多的目标都能如愿实现，尽管过程充满艰辛，但你从未中途放弃。

当你真正认识并彻底领悟"世上没有不可能的事情"的时候，离成功就又近了一步。只有积极主动的人，才能在瞬息万变的竞争环境中取得成功；只有善于展示自己的人，才能在工作中获得真正的机会。

一个想要成功的人，不需要那些"不可能"或是"我办不到"之类的话。把这些借口永远丢掉，正如拿破仑说的："不可能是傻瓜才用的词！"

西点人相信这样一句格言："没有什么是绝对的，也没

第一章　没有不可能

有什么是不可能的。"

在西点军校，学员面对长官的问话可以回答"不知道"，但是对于命令只有绝对地服从和执行。学员执行任务只能回答"我一定做到""我能""我执行"。没有一个学员敢说"我不行"或者"我办不到"。因为在西点人眼中，没有什么是不可能的。西点的格言："永远没有失败，只是暂时没有成功。"《启示录》中说："勇于克服困难的人，我邀请他与我共享荣誉。"所以当我们接受任务执行任务时，面对困难和挑战时，我们应该抛弃"不可能"的念头，只想到如何解决问题，想着如何全力以赴，穷尽所有的努力执行，而不是等到所有的外部条件都完善了再开始着手做事，我们能做的唯有立即执行，不怕失败。

当尼尔森在尼罗河战斗打响之前详细地解释他的精心计划时，贝里船长高兴地问："如果我们成功了，世界会怎么评论？"

"没有什么'如果'，"尼尔森答道，"我们一定要取得胜利。谁能活下来讲述这段故事，就是另外一回事了。"随后，当他的船长们离开讨论会场走向他们各自的船只时，尼尔森又加了一句："在明天这个时候之前，我们要么已为

自己赢得尊贵的地位，要么就已进入了威斯敏斯特教堂的墓地。"在别人看到的只是失败的时候，他用自己敏锐的眼光和果敢的精神发现了赢得伟大胜利的机会。

"有可能通过那条路吗？"拿破仑向工程人员问道，他们是被派遣去探索圣伯纳德的那条可怕的小路的。"也许。"工程人员有些犹豫地回答，"还是有可能的。"

"那就前进！"下士说道，他根本没有注意那些似乎难以逾越的困难。英国人和奥地利人对于翻越阿尔卑斯山的想法表现出嘲笑和不屑一顾，那里"从没有车辆行驶，也根本不可能有，"更何况是一支6万人的部队，他们带着笨重的大炮、数十吨的炮弹和辎重，还有大量的军需品。但是饥寒交迫的麦瑟那正在热那亚处于包围之中，胜利的奥地利人聚集在尼斯城前，而拿破仑绝不是那种在危难中将以前的伙伴弃之不顾的人，他除了前进别无他念。

在这个"不可能"的任务被完成后，有些人认为这早就能够做到，而其他人之所以没有做到，是因为他们拒绝面对这样的困难，固执地认为这些困难不可克服。许多指挥官都

第一章　没有不可能

拥有必要的补给、工具和强壮的士兵,但他们却缺少拿破仑那样的勇气和决心。拿破仑从不在困难面前退缩,而是不断进取,创造并抓住胜利的机会。

变"不可能"为"可能"

曾经有一本畅销的励志书叫《我们为什么还没有成功》，在这本书里，作者李伟所写的很多理念引起了读者的共鸣，成为成功道路上的指向标，其中有一条就是："这世界上没有什么不可能，只是暂时还没有去挑战自我，如果我们去挑战自我，我们就能把绝不可能变成绝对可能！"其实，把这句话缩短，就是：没有什么不可能，积极进取，把"不可能"变成"不，可能"！只要敢于蔑视困难，把问题踩在脚下，你就会发现：所有的"不可能"，最终都会成为"可能"！

第一章　没有不可能

一切皆有可能！"不可能"只是失败者的禁锢，具有积极态度的人，从不将"不可能"当作一回事。

曾经航空业对个人来说，是遥不可及的，想进入这一领域更是天方夜谭。但有一个人，打破了这个规律，他就是中国民航史上第一个民间包飞机的人——王均瑶。

1991年，王均瑶还只是一个在湖南做生意的小本商人。春节前，他和一帮温州朋友从湖南包"大巴"回家过年，但长沙距温州路途非常遥远，在路上颠簸了十多个小时，当时王均瑶很疲惫，就脱口而出："唉，汽车实在太慢了！慢腾腾的，得走好几天才能到家，真累啊！"旁边的一位老乡挖苦说："飞机快，你坐飞机回去好了！"

"对啊，我为什么不能包飞机呢？"

说干就干，王均瑶就这样踏进了湖南省民航局的大门。经历了常人难以想象的艰难后，王均瑶终于包机成功了。

1991年7月28日，25岁的王均瑶开了中国民航史上私人包机的先河，承包了长沙至温州的航线，而这一天也是相当有纪念意义的。

十年之后，他又进行了一项石破天惊的举措，成为民营

资本进入航空业的第一人，他的均瑶集团投资18%的股份，成为中国东方航空武汉有限责任公司的股东，这是国内首家民营企业参股国有航空运输业。

真可谓是"胆大包天"的王均瑶，在当年个人进入航空业简直是天方夜谭，但是他打破了这个规律。在他的头脑中，没有"不可能"一词。别人的一句玩笑话，反而成了他进取的一个目标，从而实现了"不可能"变"可能"的巨大转变，也创造出一片奇迹的天空。

因此，你一定要充分相信自己，敢于向"不可能"完成的工作挑战，并从中不断磨砺自己，让自己成为一名真正的职场勇士。

三星公司开发笔记本电脑要比索尼公司晚得多，但现在三星的新产品活力十足，产品不断推出，而索尼公司的新产品却是"千呼万唤始出来"。据知情者透露，当年索尼的笔记本电脑因为设计精巧而在市场上很畅销，三星公司为与其经典产品一比高下，决心开发出比索尼更轻更薄的新款笔记本电脑。于是，三星高层要求研发人员按照比索尼同类产品"至少薄1厘米"的标准来努力。尽管这在当时看来几乎是一

第一章　没有不可能

个不可能完成的任务，但是三星研发人员经过八次反反复复地实验与提高，还是实现了这个高难度的目标。

当时主攻技术创新的陈大济带领研发队伍接手了这项艰巨的任务。在全球经济不景气，其他企业纷纷缩减研发费用之际，他和研发人员勇敢地承担起责任，不懈地努力，付出了常人无法理解的艰辛努力。因为他们知道，如果实现不了这个目标，三星公司将失去市场竞争力，更不可能强大起来！出于对工作负责，对公司的责任感，促使他们不断克服技术难题，成功实现了在别人看来根本不可能实现的目标。

当全球最大的计算机公司戴尔看到了三星的这些产品后大吃一惊，赶紧派人到三星采购。由此，三星顺利地从戴尔手中得到了160亿美元的采购订单，一下子成为全球制造高端笔记本最强大的企业之一。

由此，我们得到一个结论，企业或个人的成功业绩与财源、机会、性格、知识、民族、种族都没有必然联系，只有一点是共同的、必须具备的——对结果负责的强烈责任感。只要抱着对工作结果负责的认真态度，经过一番努力后，我们的目标都能实现！

工作中突破"不可能"

我们工作到底是为了什么?这是一个我们都要弄清楚的问题。

第一,工作是人生的一种需要。我可以想象出一个人一生不工作会是什么样子,他可能会寂寞无聊而死,相信你会赞同我的这个观点。

第二,工作是为了获得工作的乐趣和成就感。我们只有在体会到工作的快乐之后才能热爱自己的工作,才能积极地、创造性地进行工作,才能拥有成就感,才能体会到成就带给你的快乐。

第一章　没有不可能

第三，工作是为了公司与社会。工作是可以创造价值的，这不仅有利于你所在的公司，而且还有利于整个社会。

第四，工作是为了学习。你在工作中能够学习很多东西，如工作技巧、工作经验、良好的品质等，这些东西的价值远比薪水要高得多。

第五，工作是为了生活。

很多人忙了一辈子，以为退休就会快乐了，其实大多数退休的人都不快乐。有一个人退休了，他积攒了一大笔钱，每天都很悠闲，人人都羡慕他，却没有人想到有一天他居然自杀了。他之所以自杀，是因为他感到活着没有意义。换句话说，他失去了工作所带来的乐趣和成就感。

一位雕塑家有一个2岁的儿子。儿子要爸爸给他做几件玩具，雕塑家只是慈祥地笑笑，说："你自己不能动手试试吗？"

为了制好自己的玩具，孩子开始注意父亲的工作，常常观看父亲运用各种工具，然后模仿运用于玩具制作。父亲也从来不向他讲解什么，随孩子自己去弄。

一年后，孩子初步掌握了一些制作方法，玩具造得颇像个样子。这样，父亲偶尔会指点一二。但孩子脾气倔，从来不将

父亲的话当回事，我行我素，自得其乐。父亲也不生气。

又一年，孩子的技艺显著提高，可以随心所欲地摆弄出各种人和动物的形状。

孩子常常将自己的"杰作"展示给别人看，引来诸多夸赞。但雕塑家总是淡淡地笑，并不在乎。

有一天，孩子存放在工作室的玩具全部不翼而飞，父亲说："昨夜可能有小偷来过。"孩子没办法，只得重新制作。

半年后，工作室再次被盗。

再半年后，工作室又失窃了。孩子怀疑是父亲在捣鬼：为什么从不见父亲为失窃而吃惊，并加以防范呢？

一天夜里，儿子睡不着，见工作室灯亮着，便溜到窗边窥视，只见父亲背着手，在雕塑作品前踱步、观察。好一会儿，父亲仿佛做出某种决定，一转身，拾起斧子，将自己大部分作品打得稀巴烂！接着，父亲将这些碎土块堆到一起，放上水重新混合成泥巴。儿子疑惑地站在窗外。这时，他又看见父亲走到他的那些小玩具前，父亲拿起每件玩具端详片刻，然后，将儿子所有的自制玩具扔到泥堆里搅和起来！当

第一章　没有不可能

父亲回头的时候，儿子已站在他身后，瞪着愤怒的眼睛。父亲有些羞愧，吞吞吐吐地说："我……是……哦……是因为，只有砸烂较差的，我们才能创造更好的。"

十年之后，父亲和儿子的作品多次同获国内外大奖。

父亲不愧是位雕塑家，他不但懂得怎样雕塑艺术品，更懂得怎样雕塑儿子的灵魂。

在职场中，每一个渴望成功的人都必须谨记：只有不断突破自我，不断为自己"充值"，你才能开创出更美好、更辉煌的人生。

在这个知识更新与科技发展一日千里的时代，随着知识、技能的更新越来越快，不通过学习、培训，进行技能更新，适应性自然会越来越差，而老板又时刻把目光盯向那些拥有领先优势、能为公司提高竞争力的人。只有在工作中不断为自己"充值"，不断增加自己的优势，才能使自己在职场中立于不败之地。

杰斐逊说："一个人拥有了别人不可替代的优势，就会使自己立于不败之地。"

是的，一个能在短时间内主动学习更多的有关工作的知识，而不单纯地依赖公司培训、主动提高自身技能的人，就

是公司不可替代的优秀员工。

皮特·詹姆斯是美国《A晚间新闻》的当红主播。在此之前,他曾一度毅然辞去人人艳羡的主播职位,到新闻的第一线去磨炼自己。他做过普通的记者,担任过美国电视网驻中东的特派员,后来又成为欧洲地区的特派员。经过这些历练后,他重新回到A主播的位置。而此时的他,已由一个初出茅庐的略微有点生涩的小伙子,成长为成熟稳健又广受欢迎的主播兼记者。

皮特·詹姆斯最让人钦佩的地方,在于当他已经是同行中的优秀者时,他没有自满,而是选择了继续学习,使自己的事业再攀高峰。一名带着思想工作的员工,无论自己处于职业生涯的哪个阶段,都会把不断学习当成自己的一个重要习惯。因为他们清楚,只有不断累积优势,才能获得成功。正因为如此,他必须好好自我监督,不能让自己的优势落在时代后头。

因此,当你的工作进展顺利的时候,要加倍地努力学习;当工作进展得不顺利、不能达到工作岗位的要求时,你更要加快自己学习的进度。

第一章　没有不可能

维斯卡亚公司曾是美国最为著名的机械制造公司。吉姆和许多人的命运一样,在该公司每年一次的用人招聘会上被拒绝,但是吉姆并不灰心,他发誓一定要进入这家公司工作。

于是,他假装自己一无所长,找到公司人事部,提出为该公司无偿提供劳动力,并表示无论公司分派给他任何工作,他都会不计任何报酬地完成。公司起初觉得简直不可思议,但考虑到不用花任何费用,也用不着操心,于是便分派他去打扫车间的废铁屑。

一年下来,吉姆勤勤恳恳地重复着这种既简单又劳累的工作。为了糊口,下班后他还得去酒吧打工。尽管他得到了老板及工人们的一致好评,但仍然没有一个人提到录用他的问题。

1999年初,公司的许多订单纷纷被退回,理由均是产品质量有问题,为此公司将蒙受巨大的损失。公司董事会为了挽救颓势,召开紧急会议,寻找解决方案。当会议进行了一大半还不见眉目时,吉姆闯入会议室,提出要见总经理。在会上,他就该问题出现的原因做了令人信服的解释,并且就工程技术上的问题提出了自己的看法,随后拿出了自己的产

品改造设计图。

这个设计非常先进,既恰到好处地保留了原来的优点,又克服了已经出现的弊端。

总经理及董事会觉得这个编外清洁工很是精明在行,便询问他的背景及现状。于是,吉姆当着高层决策者们的面,将自己的意图和盘托出。之后经董事会举手表决,吉姆当即被聘为公司负责生产技术问题的副总经理。

原来,吉姆利用清扫工到处走动的特点,细心察看了整个公司各部门的生产情况,并一一详细记录,发现了所存在的技术问题,并想出了解决的办法。他花了一年时间搞设计,做了大量的统计数据,为以后一展雄姿奠定了基础。

正因为吉姆不断学习,才成就了他脱颖而出的机会。

如今,我们生活在一个瞬息万变的社会里,商场也好,职场也好,充满活力的最根本原因就是市场总是充满了变化。变化,是企业间和企业内竞争的根本原因和原动力,也是企业不断欣欣向荣的成长活力。

而一个企业、一个员工优秀与否,主要看他是否能应付随时随地可能发生的任何变化。

第一章　没有不可能

　　变化，是无可避免的，是必须面对的，而一名带着思想工作的员工总是能顺利地应付这些不可预料的变化，并把工作做得更出色。当然，企业对这样的员工也会更加倚重。

　　要想应付这些突如其来的变化，最直接、最有效的方法就是不断给自己"充值"！在现今的企业环境里，没有打不破的铁饭碗。你的工作在今天可能不可或缺，可是这并不意味着明天这个职位仍然有存在的必要。无论是谁，除了努力工作外，都应把一部分精力放在自己的再学习上。

　　米勒·佩利生活在一个工薪阶层的家庭中，因为兄弟姐妹比较多，他刚高中毕业，就不得不放弃上大学的机会，到一家百货公司去打工，每周只能赚3美元。但是，他不甘心就这样工作下去，于是他每天都在工作中不断学习，想办法充实自己，努力改变工作的境况。

　　经过几个星期的观察，他注意到主管每次总要认真检查那些进口商品的账单。由于那些账单用的都是法文和德文，他便开始在每天上班的过程中仔细研究那些账单，并努力学习法文和德文。

　　有一天，他看到主管十分疲惫和厌倦，就主动要求帮助主

管检查。由于他干得非常出色，以后的账单就都由他接手了。

过了两个月，他被叫到一间办公室里接受一个部门经理的面试。他感到困惑，因为自己目前的职位是部门中最低的，而且进入公司的时间也不长，于是他便问经理为何选自己当接班人。经理说："我在这个行业里干了四年，根据我的观察，你是唯一一个每天都在要求自己进步、不断在工作中充实自己以适应工作要求的人。从这个公司成立开始，我一直在从事外贸这项工作，也一直想物色一个像你这样的助手。因为这项工作涉及的面太广，工作比较繁杂，需要的知识很庞杂，对工作的适应能力的要求也特别高。我们选择了你，认为你是一个十分合适的人选，我们相信这一选择没有错。"

尽管米勒·佩利对这项业务一窍不通，但是，凭着对工作不断钻研、学习的精神，他的能力不断地提高。半年后，他已经完全胜任这项工作了。一年后，他接替了经理的职位。

美国有一句谚语说："通往失败的路上，处处都是错失的机会，坐待幸运从前门进来的人，往往忽略了从后门进入的机会。"只有对工作勇于负责、每天都有所改变有所进步的人，才能够成为一个卓越的员工，才能抓住机遇，顺势而上。

第一章　没有不可能

杜绝托辞

"没有什么不可能"是美国西点军校传授给每一位学员的工作理念。它强化的是每一位学员积极动脑,想尽一切办法,付出艰辛的努力去完成任何一项任务,而不是为没有完成任务去寻找托辞。

看看我们常用的借口,许多我们认为是不可能的事情,其实只不过是不愿意去做罢了。

例如,某个人说,我真的很想去读个本科,不过这当然不是不可能事情。

事实上,他的意思是说,如果他要去读本科,他需要

做到：一要努力工作，多赚一份工资或者拿着公司的最高奖金；二要储备足够的知识以便获得入学资格；三要申请贷款、节俭消费；四要业余时间用来学习而不是玩。

很明显，他所谓不可能，只不过是他不愿意去做到这几点而已，他认为去读这个本科不值得花这么大的代价。

再如某个人说"真希望有一套自己的小房"，这句话他说了23年，到现在却还在租房。他的意思是说，真希望自己不必加倍赚钱，不必努力工作，不必节俭消费，就能够免费拥有的房子。

他可能会说，现在赚钱很难、物价太贵了、老板太苛刻了，这就是借口。

"没有任何借口"就是不找任何理由、不设定任何条件，一开始就全力以赴去做。"报告长官，没有任何借口！"这是西点军校学里最常见的一句话，但它却成了一种很实用的方法，应用这种方法你就能在生活中的各个领域达到成功。他们在尽全力依旧完成不了目标的时候，依然不找任何借口，直到把任务完成。"没有任何借口"的最终的结果只有一个：执行任务，然后完成。那些凡是没有完成任务的人，就是为自己找借口的人。

第一章　没有不可能

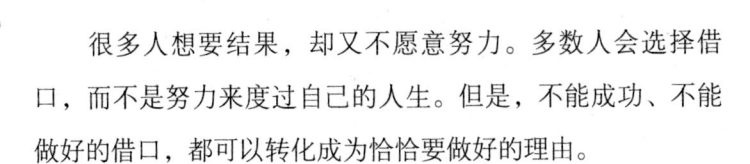

很多人想要结果，却又不愿意努力。多数人会选择借口，而不是努力来度过自己的人生。但是，不能成功、不能做好的借口，都可以转化成为恰恰要做好的理由。

经常会听到这样的话："我无法成功，因为我太年轻了。我无法成功，因为我太老了。我无法成功，因为我是女人。我无法成功，因为我学历不高。我学历太高了，思想性太强，所以不行动，没有办法成功。"这就是人们给自己找的借口。

借口可能都是事实，但借口能不能帮你成功，能不能帮你达成你要的结果，才是你需要认真思考的事情。

用心工作

工作和生活永远是我们人生的两大组成部分。

工作可以实现我们的价值，工作可以让我们的生活更有品质，无论你是老板还是员工，没有工作就没有收入，甚至无法在这个世界上生存，所以我们不但要用力工作，更要用心工作。

毛主席说："世界上怕就怕'认真'二字。"无论做什么事，只要用心了，认真了，就没有做不到的。

经常看到很多上班族在抱怨自己为什么不能升职，老板总是不给自己加薪，认为自己已经很努力了，每天起早贪

第一章　没有不可能

黑，却得不到赏识，而另外一些人却在不知不觉中被提升。诚然，或许你真的很努力了，或许你比所有人都勤奋了，但是你是否真的用心了呢？用心不只是努力，还要学会动脑，做出一些别人所不能做到的事情，当然会被老板另眼相看了。

只会用力工作的人也会把老板交代下来的任务一丝不苟地完成，这样的员工自然是好员工，但是却不够优秀，而用心工作的人不但会把老板交代的工作完成，还会进一步替老板着想，把很多老板没有分派的任务提前完成。试想一下，如果自己就是一个老板，会喜欢什么样的员工呢？现代社会的竞争非常激烈，"无过便是功"的年代早已一去不复返了，"无功便是过"已经成为主流，安安分分地在做一个螺丝钉虽然也不会被解雇，但是想要出人头地却是难上加难，想要脱颖而出就必须要学会用心。

"用力"可以把工作做对，"用心"才能把工作做好！

用力工作和用心工作之间存在着很大的差别，把该做的工作做完，这是用力。但是要想成为一名优秀的员工，就必须要用心。只有全身心地投入到工作中去，才能发挥出自己最大的潜能。

著名的潜能开发大师安东尼·罗宾说："每个人的潜能都

是巨大的,甚至是无限的,但是却只有很少的一部分人把自己的潜能开发了出来,绝大多数人都把自己的这些能量原封不动地带到了坟墓中,而用心就是开发潜能最重要的环节。"

可能有很多人也想把事情做好,也想用心,但是却不知道该如何去做,让我们来看下面几个小故事,你可以从中得一些启示。

有一名机械师,他的手艺很好,但是他现在上了年纪,想在家中安享生活,于是他跟老板说自己想退休了,老板觉得失去这么好的员工感到很可惜,但是机械师的态度很坚决,于是老板提出了最后一个要求,让他再组装最后一辆汽车,机械师勉强答应了。但是机械师的心却不在这里了,最后一辆汽车的工艺非常差,完全不像出自机械师之手,最后老板无奈的对机械师说:"这辆车送给你,作为你退休的礼物吧!"在这一刻,机械师感到很羞愧,他也不敢相信这居然是自己组装出来的汽车,他完全没有用心。更讽刺的是,以后他还要开着这辆车。

用心就是一种付出,不要吝啬自己的付出,没有付出哪有收获,得与失之间往往只有一念之差,每当抱怨自己受到

第一章　没有不可能

不公正待遇的时候，首先应该想一想在之前的日子里，自己是否用心地做了每一件事，不要总是等到后悔的时候才恍然大悟，用心就要从付出开始。

一个小和尚担任撞钟一职，每天都能按时撞钟，但半年下来主持却很不满意，就调他到后院劈柴挑水，说他不能胜任撞钟一职。

小和尚很不服气地问："我撞的钟难道不准时、不响亮吗？"

老主持耐心地告诉他："你撞的钟虽然很准时、也很响亮，但钟声空泛、疲软，没有感召力。钟声是要唤醒沉迷的众生的，而我却没有听到这样的声音。"

小和尚不过是"做一天和尚撞一天钟"而已，并没有融入一颗"唤醒众生"的心。

从这个故事中，我们可以体会到用心是要感悟的，同样是一座钟，不同的人可以敲出不同的境界来，不同的钟声中就可以反应出一个人用心的程度。不懂得感悟，就无法超脱，无法到达理想的彼岸。

从前有两个农夫，分别住在相邻的两座山上，中间有一

条小河，他们每天都要来到山下挑水，久而久之，两人便成了朋友。

五年的时间很快过去了，有一天，东边这座山上的农夫来挑水的时候，发现他的朋友并没有来，一连几天过去了，西边山上的农夫一直都没有出现，东边的农夫觉得他的朋友可能是生病了，于是一个月后，他便到了西边的山上来看望朋友，但是他看到的却不是朋友生病的画面，而是朋友在和自己的孩子玩耍的温馨场面，他感到非常的困惑，难道他们不用喝水吗？朋友告诉他，自己在这五年时间里，一边挑水，一边挖井，不管再忙，每天也要挖一会儿，现在已经挖出井水了，不用再跑那么远去挑水了，由于有了更多的时间和水，又多种了很多庄稼，现在不但衣食无忧，还可以有更多的时候跟家人在一起了。

从这个故事中我们可以得到很多的启示，首先，用心就是要有计划，计划好了，才有明确的奋斗方向，不至于像没头的苍蝇一样到处乱撞，不知道明天该做什么。其次，用心就是要有长远眼光，不要总是顾忌眼前的蝇头小利，多为自己将来想一想，看得越远，将来的道路就越平坦。再次，用

第一章　没有不可能

心就是要坚持不懈，没有这样的精神和毅力，所有的计划和眼光都将成为空谈。

用心还体现在我们全神贯注在当下，毫无杂念。不管做什么事情，毫无杂念、全神贯注地去执行、去体验，那么你往往能够得到更多。

一个弟子来到师父跟前，请求师父开示生命的智能。师父对这焦急的弟子注视了一会儿，然后拿起毛笔写下"用心"二字。弟子不解，着急地请师父解释，师父又写了一次"用心"。这时，年轻的弟子又颓丧又生气，完全无法理解师父要教给他的道理。于是，师父再次耐心地写着：用心……用心……用心。

用心不光要用在工作上，其实生活中的每一件事情都值得我们用心去做，心灵是人类力量的发源地，只有用心才能真正地把自己展现出来。用心看似很难，但真的只要每一天，点点滴滴地去做，用心去做，必将发现，其实，你完全可以过得更好，你的人生也必将变得更加充实、富足而美好！

把工作做到最好

要想把自己的本职工作做到最好,并不在于自身的才华有多高,而在于这个人是否真正的用心去做这件事。当他全身心地投入这件事时,做好也只是时间的问题。

小马大学毕业后到一家广告公司工作,报到的那一天,他对经理说的第一句话是要求专业对口,而且"充分注意到我的特长"。这位在大学美术系专业成绩不错的人,坦率地要求要到广告设计部门工作,这才能发挥他的优势。

可是,公司经理首先让他到业务部门实习,过了试用期后再决定。小马听了以后很不开心,认为到业务部门难以发挥

第一章　没有不可能

他的特长，因而到了业务部门后他既不安心工作，又不虚心学习，结果给人留下了"工作态度差，能力欠缺"的印象。

许多刚参加工作的人容易犯的一个"毛病"就是好高骛远，忽视做"打水扫地"这样零碎的工作，认为这是"大材小用"。老想做大事，结果经验缺乏，常常碰壁。实际上，人的特长应当成为适应环境的"催化剂"，而不该成为挑剔工作的"资本"。

有一位成功者这样说道："用心将自己的本职工作做好，不管运用什么方法，总是为客户着想，为公司着想，尽量让客户享受到最优质的服务，让公司获得最大化的价值。"这句话体现了一个员工对工作的责任、热情和负责的良好职业精神。

魏诚和张立同在一家公司工作。魏诚工作认真负责，很是用心，几乎不浪费公司一分钟，而且还积极加班加点。张立则敷衍了事，得过且过，漫不经心，工作中偷懒是常有的事，虽然他工作能力比魏诚强，但是他总是不用心去做，因此工作中的失误接连不断，给客户，更给公司造成了重大损失。后来老板再也无法忍受这种空有一腹才华却毫不用心

的人，毅然辞退了张立，留下了才能却工作认真、用心的魏诚。

这个例子正好给我们说明了，在职场当中，才能是工作中非常重要的因素，也是老板很看重的一个方面，但是否用心去做事也是老板衡量一个人是否优秀的重要准则。职场中有很多员工，他们总是抱着"难得糊涂"的心态做事，凡事讲究过得去就行，而从来不去追求完美。其实，这是不用心的表现。一个用心工作的人总能站在公司的立场去做事，他会尽心尽力将工作做到最好，他会想方设法为公司节省每一笔开支，力求用最小的投资换来最大的价值。

有很多人，他们整天浑浑噩噩地工作，缺乏创造性、积极性，抱怨待遇不好、工作环境不好等等，却从不从自己的身上找原因。其实，只要在工作中加入自己的创意和热情，并且用心去做，那么，任何人都能做出一番不错的成绩来。

也有一部分人，他们对自己的工作总是感觉到枯燥乏味，没有激情，这同样是因为他们没有用心去做，没有认识到工作的更高意义和价值，只是一味地为工作而工作，把工作当成了养家糊口的工具，没有深刻认识到工作其实不仅仅是生存的工具，也是体现一个人价值和意义的重要舞台。所

第一章　没有不可能

以，只有用心去工作，才能将工作做好，才能在平淡无奇中挖掘出新意，才能创造出更高的价值。

有一个年轻人，在一家大型建筑公司工作，他的上司是一位刚刚被提拔的年轻经理。这个经理所承受的压力是非常巨大的。在这样的人身边做事，总是会让人感到压抑和紧张。这个年轻人虽然总是小心翼翼，却还是难免犯错。有一次，年轻人为董事会准备资料，他很熟练地整理了一下从各部门呈上来的报表，然后很快做出一份上交资料。但是当他把这个资料交给经理，经理用眼一扫之后，就说了一句话："看来就是没有用心。"年轻人很不服气，觉得自己做得已经很好了，虽然不敢说最好，但还是比较好的，他不明白为什么经理都没有好好看一下就下这样的评论，他很气愤地说："经理，为了写这个材料，我已经好几天没有按时吃晚饭了。"总经理听了后说道："是吗？但是你虽然花费了时间，却没有成效，只能说明你没有用心，你自己看看吧！里面有几个数据根本就不正确，另外还有几个错别字。"

是啊，速度再快、工作再累，当你不用心做事时，所有的努力都将变得一文不值。工作不用心的人总是在敷衍，而不去从根本上解决问题，这样的员工自然难以将工作做好，也就难以得到老板的喜欢。用心去工作的员工才能得到老板的赏识，才能成为老板的得力干将。

所以，只有用心去工作，你才会发现工作的无限乐趣和意义，就会产生许多好的创意和想法，就会有更高的工作效率，为公司创造更多的利润。

那些把"没有任何借口"作为自己行为准则的人，他们拥有一种毫不畏惧的决心、坚强的毅力、完美的执行力以及在限定时间内把握每一分每一秒去完成任何一项任务的信心和信念。

因为借口只是失败的温床，工作中没有借口，人生中没有借口，失败没有借口，成功也不属于那些寻找借口的人！所以我们要学会给自己加码，始终以行动为见证，而不是编一些花言巧语为自己开脱。哪里有困难，哪里有需要，我们就要义无反顾地努力拼搏，直抵成功。

从现在开始，就让我们拒绝借口，勇于承担责任，勤勤恳恳地干好工作中的每一件事情吧！

第二章

在逆境中崛起

第二章　在逆境中崛起

不要给"我能"设限

"人生无极限，一切皆有可能。"但平常人之所以平常，除了不了解外部世界三百六十行中各自独特的酸甜苦辣、艰难险阻以及所要求的素质条件外，再者就是自己，即自身的性格、特长、知识积累等条件，适合去做什么，能够干成什么？恐怕没有经过实践的检验与锻炼，对此，自身很难给自己做出一个一成不变的定论。而当你做不出什么成就时，就会认定自己生命已走到了极限，不可能再有新的高度，但实际上人生是无极限的，一切皆有可能。

人在工作的时候也好，运动的时候也好，会在一个自己

觉得适当的时候停下来。其实这不过是自己头脑中想定的一个极限罢了,它是不是真正的极限,很多人都没有证实过。而大凡成功的人都会把挑战困难当作自己生活中极限运动,他知道,大的困难激发出大的潜能,这正是自己进步的最好机会。他会攒足力气,做全力的拼搏。

当人们给自己设定了一个限制速度,并且在这个限制速度比实际的极限速度低得多时,人们便永远无法完全了解自己。实际上,很多人都在极力回避与自己交锋,这样做的结果就是造成对自己的评价过低,乃至丧失自信,做什么事情就不敢以自己为主体,别人怎么说,自己就怎么去做。殊不知,只要我们为了理想百折不挠、日积跬步,在黯淡的际遇中不放弃努力,在心中画上自己梦想的刻度,总有一天,生命会达到一个崭新的高度!

事实证明,每个人有了"我能"的理念之后,就会焕发出积极和进取的气息。在"我能"精神的鼓舞下,人们就会为远大理想而努力奋斗,以期施展自己的抱负,实现人生的最大价值。其实,人生就像登山,每个人不管多么平凡,只要真诚付出努力,都能够跨越一座又一座的高峰。

拿破仑说:"不想当元帅的士兵不是好士兵。"不被

第二章　在逆境中崛起

自己的过去所限制的人，才是真正拥有未来的人。沉湎于过去，往往看不到美好的将来。

科学家曾拿跳蚤做过一个实验：他们把跳蚤放在桌子上，跳蚤跳起的高度是其身高的一百倍以上，堪称世界上跳得最高的动物！

然后，他们在跳蚤头上罩一个玻璃罩，再让它跳，跳蚤如此在玻璃罩中跳了几次后，跳蚤就改变了起跳高度以适应环境，每项次跳跃总保持在罩顶以下高度。接下来逐渐改变了起跳的高度，跳蚤都在碰壁后主动改变自己的高度。

最后，玻璃罩接近桌面，这时跳蚤已无法再跳了。科学家于是把玻璃罩打开，再拍桌子，跳蚤仍然不会跳，变成"爬蚤"了。

上面这个实验中，跳蚤变成了"爬蚤"，并非它已丧失了跳跃的能力，而是由于一次次受挫折后学乖了，习惯了，麻木了。跳蚤能如此，何况人呢？拿破仑说："你生命中所有的限制都是你自己为自己所设的"。

跳蚤的可悲之处就在于实际上玻璃罩已经不存在，它却连"再试一次"的勇气都没有。玻璃罩已经在潜意识里，罩

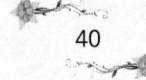

在了心灵上。行动的欲望与潜能被自己扼杀了！科学家把个中现象叫作"自我设限"。在我们每个人的生命中，都会面临许多害怕做不到的时刻，因而划地自限，使无限的潜能只化为有限的成就。

在工作中，你或许有这样的体验，当刚接手一项新工作时，你觉得它很困难，但实际做起来后却发现它并没有想象中的那么困难。而且，一旦掌握了要领，就越做越有感觉，并且发现当初想象的困难不过是杞人忧天罢了。在生活中具有挑战自己极限的勇气，你才能成为困难的"克星"。

第二章　在逆境中崛起

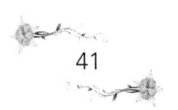

打破"不可能"的束缚

"没有办法"或"不可能"让事情画上句号;"总有办法"则使事情有突破的可能,关键在于自己是否用心去思考过、寻找过。只有不断寻找新思维的人才有及时抓住机会的可能。

不大可能的事情也许今天会实现,根本不可能的事情也许明天会实现。

生活中很多的"不可能"都是常规理论下的结论。常规是为了方便世人而存在,但有时候也会牵绊住前进的脚步。新的成功,往往是需要打破常规的,成功者的字典里不应该

有"不可能"这三个字。

美国杰出的发明家保尔·麦克里迪曾讲述过这样一个故事:

几年前,我告诉我儿子,水的表面张力能使针浮在水面上,他那时候才十岁。我接着提出一个问题,要求他把一根很粗的针放到水面上去,但不能沉下去。我还提示给他一些方法,比如用磁铁之类作为辅助工具。他却不假思索地说:"先把水冻结成冰,再把针放上去,再把冰慢慢化开不就得了吗?"他这个答案真是让我的精神为之一振。因为我明白,即使我苦思冥想,也不一定能想到这个上面来。因为经验把我的思维限制住了,而这个小子没有那么多条条框框的束缚反而可以另辟蹊径。

这个故事告诉我们,一个人的经验多了,创新意识可能就少了,因为常规的要求已经能很好地满足,自己的经验足以应付日常所有的事务。殊不知,这就是进步的大敌,没有进步又何来新的成功呢?所以,要获得创造性的成功,就必须打破常规,开阔自己的思维。甚至可以把自己一些没有用的东西从脑海里淡忘、抹去。

人们都认为孩子虽然天真但是却因为不经世事而更真实,让我们抛开一切杂念,拥有孩子一般的思维起点,有时

第二章　在逆境中崛起

候过于复杂的问题是需要简单的思维去化解的，就好比武术中的以柔克刚。

这种返璞归真的思维方式往往会使人在走投无路的情况下，回头打一场漂亮仗。而培养一种新的思维方式也就是为自己的人生找到了一种新的可能。首先要善于观察生活，善于从老人和小孩子那里获得灵感，他们一个看尽人生起伏，一个不经世事纷扰，他们，也只有他们的思维才会与众不同，才是思维的"幽径"。

而寻找这个"幽径"确实是一个类似修行的过程，这里面需要太多的看透，需要太多的自制能力，需要……也正是因为这些难度才能获得不可能的可能吧。当别人还在墨守成规的时候，自己就先从头脑开始"革命"吧。

"没有办法"或"不可能"让事情画上句号；"总有办法"则使事情有突破的可能，关键在于自己是否用心去思考过、寻找过。只有不断寻找新思维的人才有及时抓住机会的可能。

当我们逼迫自己勇攀最高峰，总有一天会发现：所有我们以往畏惧的东西，都会被我们踩在脚下！

要解决问题时，如果难度较大，很多人会对自己说"绝

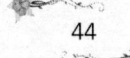

不可能！"然后不再努力，最终放弃。这样做的人往往不是懒汉就是庸材。与此相反，一个杰出的人，总是通过改变自己的心态和发问方式，最终将"绝不可能"变为"绝对可能"。他们是如何做到这点的呢？

1.重新发问：把"怎么可能"改为"怎样才能"

发问方式，往往决定了解决问题的不同结果。如果你发出"怎么可能"的疑问，百分之百就会就此打住，不可能再进一步。但是，假如你将焦点集中在了思考"怎样才能"，效果就会完全不一样。

2.不为"定论"屈服

20世纪50年代初，美国某军事科研部门着手研制一种高频放大管。科技人员都被高频率放大能不能使用玻璃管的问题难住了，研制工作因而迟迟没有进展。后来，由发明家贝利负责的研制小组承担了这一任务。上级主管部门在给贝利小组布置这一任务时，鉴于以往的研制情况，同时还下达了一个指示：不许查阅有关书籍。

经过贝利小组的共同努力，终于制成了一种高达1000个计算单位的高频放大管。在完成了任务以后，研制小组的科技人员都想弄明白，为什么上级要下达不准查书的指示？

第二章　在逆境中崛起

于是他们查阅了有关书籍，结果让他们大吃一惊，原来书上明明白白地写着：如果采用玻璃管，高频放大的极限频率是25个计算单位。"25"与"1000"，这个差距有多大！

后来，贝利对此发表感想说："如果我们当时查了书，一定会对研制这样的高频放大管产生怀疑，就会没有信心去研制了。"

人很容易向定论屈服。而不被定论所左右，往往就会超越定论！

3. "熬"到问题投降

创造性的思维，常常是绞尽脑汁训练出来的。要具有好的创造性思维品质，除了珍视智慧的火花、以开放的心灵去拥抱新的理念、构想外，更要沉得住气，勇于接受、忍受思维在一段时期内的"痛苦折磨"。

许多人并不傻，也不是没有智慧的火花，但为什么会最终败下阵来，或收获甚微，原因就是不能"熬"。相反，那些成大器的人物，都具有长久地对一个问题保持专心致志的能力，他们都有非同凡响的"熬"功。

牛顿正是"熬"到问题投降的杰出代表。正如凯因斯在分析牛顿的文章中指出的："他特有的才能就是，他能把

一个纯粹的智力问题,在头脑中保持下去,直到完全弄懂为止。我想他卓越的才能是由于他有最强的直觉能力和上帝赋予的最大忍耐力……我相信:牛顿能把一个问题长久地放在头脑中一连数小时、数天、数星期乃至更久,直到问题向他投降,并说出它的秘密。"

4.战胜"约拿情结"

"约拿情结"源于《圣经》中约拿的故事。约拿平时一直渴望得到上帝的宠幸。有一次,机会来了,上帝派他去传达圣旨,这本是一桩神圣光荣的使命,平生的宿愿终于可以完成了。但是,面对突然到来的、渴望已久的荣誉,约拿却莫名其妙地胆怯起来,最终,他逃避了这一神圣的使命。

美国心理学家、创造学家马斯洛根据这一故事,提出了"约拿情结"的概念,其含义是:"我们害怕自己的潜力所能达到的最高水平。在我们最得意的时候,最雄心勃勃的瞬间,我们通常会害怕起来……我们会感到害怕、软弱和震惊……我们既怕正视自己最低的可能性,同时又怕正视自己最高的可能性。"

"约拿情结"是一种看似十分矛盾的现象。人害怕自己最低的可能性,这可以理解,因为人人都不愿意正视自己

第二章　在逆境中崛起

低能的一面。但是，人们还会害怕自己最高的可能性，这很难理解。但这的确是存在的事实：人们渴望成功，又害怕成功，尤其害怕争取成功的路上要遇到的失败，害怕成功到来的瞬间所带来的心理冲击，害怕取得成功所要付出的极其艰巨的劳动，也害怕成功所带来的种种社会压力……

"约拿情结"，说透了就是不敢向自己的最高峰挑战。但如果我们逼迫自己勇攀最高峰，总有一天就会发现：所有我们以往畏惧的东西，都会被我们踩在脚下！别害怕拒绝，不试哪知行不行。哪怕只有百分之一的希望，也值得你去试一试。

许多潜能被压抑，许多应有的业绩没做出来，都是由于没有尝试之前就先行否定了！

勇敢地去尝试吧，不试哪知行不行！

别害怕拒绝，也许别人期待着你的出现！

把"我不行"改为"我能行"

当"入口"被堵死时可以考虑一下"出口"。"入口"还是"出口"不过是个标志,关键在于它是畅通的。

世上常有这样的情况,一般人看起来不可能的事,认为根本不能办到的事,只要稍微改变一下思路,就会发现成功原来隐藏在不可能的背后和我们捉迷藏。而人类几乎总能不断地出现拥有这种特殊思维的人,进而不断地创造出奇迹。人之所以是高等动物,就在于它的智慧性和创造性,倘若丧失了这一点,就和猴子猩猩没什么区别了。

所以,不管是日常生活中,还是创业征途上,要取胜,

第二章 在逆境中崛起

就必须掌握变化，采取反常策略，及时转换思维，才能在任何环境下处于不败之地。每一件事情都有其两面性，而每一次交易也都会有满足和不满足的因素在内，双方产生一些分歧在谈判中是非常正常的事情。但是，有时候谈判会遇到一些故意刁难者，或者出现一些突发性的情况。在谈判中，如果遇到紧急情况或者对手故意刁难而不能顺利解决，不能从正面予以回答时，谈判手就可以从反向角度即倒过来想想看，有时则能取得意想不到的效果。

美国谈判专家尼尔伦伯格曾与他的合伙人一起前去参加某家飞机制造厂的拍卖，该工厂属政府所有，总务管理局决定，拍卖时谁开价最高就卖给谁。合伙人弗莱德和尼尔伦伯格商定，在充分估算其资产价值的基础上决定出价37万美元买进。在拍卖现场，已有百余人捷足先登。竞价开始后，尼尔伦伯格开价10万美元，紧接着就有人加到12.5万美元，待尼尔伦伯格再叫到15万美元时，又有人加到20美元。这时，弗莱德不再应叫，尼尔伦伯格大惑不解。

在场外，弗莱德解释说，他读了出售通告，按照此次拍卖规则，如果政府认为出价不够高，就将拒绝出售。他们

的出价在投标者中位居第二，所以拍卖人一定会来和他们联系，告诉他们，那个20美元的报价已被否决，问他们是否愿意再报一个价。到那时，他们就可以出个较高的价，同时要求政府做出一定的让步。弗莱德的估计一点儿不错，在不到一周的时间里，上述几件事一一发生。

由此可以看出弗莱德逆向思维的效应，如果他们一味在卖场上与竞争对手较量，很可能突破预定的37万美元的最高价，从而失去收购的机会。而采取逆向思维的做法，不仅控制了价格，还成功地收购了该厂。这种思维方式真是太神奇了。

虽然我们只拿了谈判做例子，但其实生活中遇到其他问题时处理的办法也不尽相同。当我们顺着某一个方向的思路不能解决的时候，不妨换一个思路，也许就会柳暗花明又一村。而反向思维就是一个当正常的思路打不开局面时最为理想的思路。可能本身就是一个神奇的东西，它从哪个方向来，谁也控制不了，但我们可以给自己的思维做个引导，让它换个方向来，这样就有可能获得意想不到的良好效果。

发明电话的贝尔最初并没有明确"电话"这个概念，他当时还没有想到要发明电话，那时他正在努力于另外一个目

第二章　在逆境中崛起

标。最初他在一所学校当教员，后来和一个学生结了婚。几年之后，他想发明一种用电的工具，目的是想让他的妻子听到他的声音。结果，当他在试验的过程中，发明了电话。

生活中的很多可能都是人为创造出来的，当然这其中有成功的也有失败的。在只相信可能性的存在，但没有既定目标的前提下，可能依然会发挥它神奇的作用，因为你并没有因为不明确而放弃可能的存在，只不过是换了一个追求的方式而已，所以反向的可能、不确定的可能都有可能带来积极而正面的效果，获得成功。

成功的可能性向来是出人意料的，而正是这种出人意料才使得你的成功显得与众不同。

我们之所以不成功，往往不是由于别人否定了我们，而是自己否定了自己；要成功，就必须在自己的字典里删除"我不行"这句话！

去除"习得的无力"，打破"橡树盆景"，你就会发现生命可以海阔天空！

生活中最大的遗憾是由于缺乏自信心，而与机会失之交臂。

回想一下过去的你，曾经是否有过这种自己打败自己的经历？再正视一下现在的你，还存在这样的缺陷吗？

如果你想改变这种状态，不妨借鉴一下下面这位年轻编辑的经历：

三年前，她是一位大四的学生。暑假前夕，有一家美国机构的中国区总裁，到她所在的大学做了一场大型讲座。讲座十分出色，激发了她许多想法。她一边听讲座一边根据感受写了一篇文章，讲座结束时，她突然有一个冲动：把自己写的文章送给那位老总看看。

这个念头一出现，她立刻又犹豫了："我行吗？不会丢脸吧？"

但转念又一想："丢脸就丢脸吧，反正以后可能再也见不到他了！"于是在众人的"围困"之中，她把这篇文章交给了老总。没想到，两天之后，她突然接到了这位老总打来的电话，告诉她这篇文章写得很好，希望她写出更多这样的好文章。

不久，她开始实习了。她突然又有了一个想法：去北京实习，将来到那里发展！可在北京，她没有熟人，唯一认识的就是这位老总，于是想，能不能找找他？这时，她又一次有了畏惧的念头，那个"我不行"的想法，又像蛇一样地在

第二章　在逆境中崛起

她心中抬头了。但是她还是一咬牙，向这位老总表达了自己的愿望，并希望他帮忙联系一个新闻出版单位。

没想到这位日理万机的老总，对她这种主动精神十分欣赏，很快帮她联系到一家著名的报社，并鼓励她发挥特长，走向成功。不到两个月的实习，她便发了好几篇有分量的文章。在实习表上，报社给了她非常好的鉴定意见。毕业时，这份鉴定和她发表的文章，对她应聘起到了很积极的作用，北京一家出版社很快录用了她。

在一次交谈中，她向我讲述了这段经历，然后感慨地说：当初开口请这位老总帮忙，是经过很多次心理斗争的。一方面想到这位老总是位"大人物"，怎么可能给一个刚刚认识的学生帮忙？于是便打起了退堂鼓。另一方面，她又想：不试试怎么能知道？最终，勇气还是战胜了胆怯。没想到，事情一下就成了。她说："幸亏自己没有被当初的念头束缚住。否则，即使是这样的一个梦，也难以实现了。"

这样的成功体验，后来被这位大学毕业生全部用在工作中来。不论是编稿、约稿，还是处理别的业务，一遇到有问

题想打退堂鼓的时候，她总会对自己说："要成功，就要在自己的字典里删除'我不行'这句话！要时刻觉得"我行！我行！我一定行！"

正因为有着这种改"我不行"为"我能行"的坚定信念，她做得十分出色，很快成为单位的骨干，三年的时间就成为了行内有名的年轻编辑。

这个故事，对所有面临问题想要退缩的人来说都应该有借鉴作用，我们之所以不成功，不是由于别人否定我们，而是自己否定了自己；不是"我不行"，而是由于我们本来行，却偏偏要对自己说"我不行"。我们没有被生活打败，却被自己心里的灰暗念头打败！其实，很多时候，只要你带着自信去敲门，就会发现它比你想象的更容易打开。

第二章　在逆境中崛起

不要害怕讥讽

优秀的员工从不害怕别人讥讽和嘲弄，害怕流言蜚语，这种恐惧心理会导致他们不敢说话、不敢做事、不敢冒险、不敢前进。他们等待又等待，希望有一种神秘的力量，可以释放他们，并给予他们以信心与希望。

优秀的员工总是鼓足勇气铲除一切阻碍、束缚自己的东西，走进一个自由而和谐的环境中，这是他们事业成功的第一个准备。

在许多公司员工的天性中，往往受着束缚，以致不能得到自由去做成原来可以做成的大事。我们为人一世，所做的

大多都是卑微渺小的事；但假如我们能够铲除一切阻碍、束缚我们的东西，则可能成就伟大、恢宏的事业。

投资大师索罗斯有句名言："当每一个人都有相同的想法时，每个人都错了。"有很多人，本来有自己的想法，因为害怕被人耻笑，害怕在常人的潮流里逆行，所以就放弃了可贵的独特思想。当有人实行了自己的设想，成功地跑在了他的前面时，他又追悔莫及。年轻人应该知道，这个社会欢迎特立独行的人。

不少人虽然心中有志于成功，然而却不肯努力地去求得成功。显然，他们过多地信任"幸运"了。试着去问问那些曾在世界上成就过大事业的人们，他们伟大的力量、广阔的心胸、丰富的经验，究竟是从哪里得来的？他们会告诉你，那是奋斗的结果；他们将告诉你，他们的成功全在于挣脱不良的环境，斩除束缚他们的桎梏、求得教育、脱离贫困、执行计划、实现理想的种种努力中，获得了他们最良好的纪律训练和最严格的品格训练。

有愿望而不满足，有志愿而被阻碍，这最足以使人丧气。这可以摧残人的能力，磨灭人的希望，打破人的理想。这可以使人们的生命成为一种空壳，一种不能兑现的支票。

第二章　在逆境中崛起

在员工没有将他生命中的最高、最好的东西发挥出来，没有将他的异赋天禀充分发展以前，我们不能相信他的生命是可以称为幸福、快乐的，不管他处境怎样。

一个按照自我愿望行动的平常人，可以胜过一个处处受束缚的天才。

有许多本来能够指使别人的人，反而被人指使，就因为他们为债务、不良的交友及种种不良的习惯所紧紧束缚，以致不能得到机会，以表现他们的能力。

不管待遇怎样丰、报酬怎样厚、地位怎样高，你千万不要从事一种不容许你自由、光明地做事的工作，你不应让任何顾虑钳制住你的舌头，左右你的意见！你应将自由自主作为你的神圣不可侵犯的权利，且任何顾虑都不能使你放弃！

一个有作为的员工，如果不幸丧失了他的行动、言语、信仰的自由，这损失有什么东西可以补偿？一个本来可以光明正大、昂首阔步地生活的人，却甘于屈志降心，仰人鼻息，葡匐钻营、胁肩谄笑以度过一生，这种损失是金钱能够补偿的吗？

能上能下的马佐尼小姐，是一位食品包装业的市场行销专家，她的第一份工作是一项新产品的市场测试。她告诉班

上同学说:"当结果回来时,我可真惨了。更糟的是,在下次开会提出这次计划的报告之前,我没有时间去跟我的老板讨论。

"轮到我报告时,我真是怕得发抖。我尽全力不使自己精神崩溃,而且我知道我决不能哭,不能让那些以为女人太情绪化而无法担任行政业务的人找到借口。我的报告很简短,只说因为发生了一个错误,我在下次会议前,会重新再研究。

"我坐下后,心想老板定会批评我一顿。

"但是,他却谢谢我的工作,并强调在一个新计划中犯错并不是很稀奇的。而且他有信心,第二次的普查会更确实,对公司更有意义。

"散会之后,我的思想纷乱,我下定决心,我决不会再一次让我的老板失望。"

好言一句三冬暖,恶言一句六月寒。语言的影响力如此之大,掌握了言辞的魅力,便能让你的处世之道畅通无阻。

卡耐基认为,假使我们是对的,别人绝对是错的,我们也会因让别人丢脸而毁了他的自我。传奇性的法国飞行先锋

第二章　在逆境中崛起

和作家安托安娜·德·圣苏荷依写过:"我没有权利去做或说任何事以贬抑一个人的自尊。重要的并不是我觉得他怎么样,而是他觉得他自己如何,伤害人的自尊是一种罪行。"

观察你自己与周围的人,记下有多少交往用于批评。为什么?因为谈论别人做得如何,显然比自己去做容易得多。世上真正的身体力行者没有时间去批评人,因为他们太忙,有太多事要做。他们会去帮助那些能力差的人,而不是去批评他们。

人们往往误以为"基于好意才责骂",却不知道这样的行为会把对方的自信摧毁,使人自惭形秽。他们自诩为"好意",其实是给自己的行为找借口,把错误和挫折的焦点从他们自己身上移开。真正善意的批评应该能使人豁然开朗,将来做事更有能力。好意的批评不是为了报复,更不是为了出气,而是为了帮助别人。

我们每一个人,正如你所遇到每一个成功的人,都遭受过别人的批评。不论你从事什么职业,你越成功,遭受的批评就越多。只有那些永无作为的人才能避免批评。

世人对佛的尊崇,曾经引起一个人的不满。一次,这个人竟然当着释迦牟尼的面辱骂他。

可是，不管他骂得多么难听，佛祖都不言语，没有理他。当他骂累了，佛祖就问他："如果有人想送礼物给对方，对方不肯接受，那么，这份礼物该给谁呢？"

"当然应该还给送礼的人哪。"这个人不假思索地回答。

佛祖接着又说："是啊，就像现在，你把我骂得一文不值，但是如果我不接受的话，这些责难又该给谁呢？"

这个人无言以对，顿时感到自己的浅薄与无知，他马上向佛祖道歉，请求他的原谅，并且发誓以后再也不诽谤他人了。

"为什么某某总是和我作对？这家伙真让人烦！""某某总是和我抬杠，不知道我哪里得罪他了！"在办公室里常常能听到这样的话语。这些话语是职场中的"软刀子"，是一种杀伤性和破坏性很强的武器，这种伤害可以直接作用于人的心灵，它会让受到伤害的人感到厌倦不堪。要是你非常热衷于传播一些挑拨离间的流言，经常性地搬弄是非，会让公司里的其他同事对你产生一种避之唯恐不及的感觉。要是到了这种地步，相信你在这个公司的日子也不会好过，因为到那时已经没有人把你当回事了。

有的人在白天工作时受到上级毫无道理的一顿批评后，喜欢晚上约个同事小喝一杯，然后向同事发牢骚，借着酒

第二章　在逆境中崛起

气,对上级大肆抱怨起来。类似这种事情一定要避免。不论多么值得信赖的同事,当工作与友情无法兼顾的时候,朋友也会变成敌人。在同事面前批评上级,无疑是给别人留下把柄,终有一天你会深受其害。

如果你确实知道一个人错了,你又唐突地告诉他,结果会怎样?

S先生,一位纽约青年律师,最近在美国最高法院为一个重要案件辩护。这个案件涉及大量资金和重要法律问题。

在辩论中,最高法院的一位法官对S先生说:"《海军法》限制条文是6年,是不是?"

S先生停住,注视某法官片刻,然后唐突地说道:"审判长,《海军法》中没有限制条文。"

"法庭顿时静了下来,"S先生在叙述他的教训时说,"室内的温度好像降到了零摄氏度。我是对的,这位法官是错的,我却当众告诉了他。但那样会使他友善吗?不,我相信我有《海军法》作为我的根据,而且我知道我那次说话的态度比以前都好,但我没说服他。我犯了大错,当众告知一位极有学问的著名人物:他错了。"

此外，你的批评是否成功，很大程度上取决于你采用的态度。没有人喜欢被批评，不要相信"闻过则喜"。如果你一味地指责别人，你将会发现，除了别人的厌恶和不满外，你将一无所获。然而，如果你能够让对方感觉到你是来解决问题、纠正错误的，而不是仅仅来发泄你的不满，你将会获得成功。这里有几点小建议：

1.批评宜在私下进行

被批评可不是件什么光彩的事，没有人希望在自己受到批评的时候召开一个"新闻发布会"。所以，为了被批评者的"面子"，在批评的时候，要尽可能地避免第三者在场。不要把门大开着，也不要高声地叫嚷让许多人都知道。在这时候，你的语气越温和，越容易让被批评的人接受。

2.不要很快进入正题

不要一上来就开始你的牢骚，尽量先创造一个尽可能和谐的气氛。做错事的一方，一般都会本能地有种害怕被批评的情绪。如果很快地进入正题，被批评者很可能会产生不自主的抵触情绪。即使他表面上接受，却未必表明你已经达到了目的。所以，先让他放松下来，然后再开始你的"慷慨陈词"。记得有句话说得很好——吻后再踢，这样才能达到比

较好的效果。

3.对事不对人

批评时，一定要针对事情本身，不要针对人。谁都会做错事，做错了事，并不代表他这个人如何如何。错的只是行为本身，而不是某个人。一定要记住：只批评"事"，永远不要批评"人"。

不要气馁

人们最为敬佩的是那些在面对困难、在经受了重大挫折但是并没有因此倒下，最终能够站起来，克服了重重困难取得成功的人！坚韧是公司员工必须拥有或者是必须要学会的优秀品质。

在自然界中，狼的一生是充满艰辛的。在野外，一只狼可以存活13年，但大部分狼只有9年左右的寿命。然而，动物园里的狼，其寿命通常都会超过15年。显而易见，狼群在野外的生活肯定是万分艰辛，并且处处充满凶险。

生活在野外，狼就必须互相争夺食物和领地，因为狼群

第二章 在逆境中崛起

只能在自己的领地内进行生活、捕猎，领地的大小根据它们捕食对象的多少而有很大变化。这种情况取决于这个地区的猎物数量。在猎物分布较密集的地方，狼不必奔袭很远便可获得一顿美餐。在较荒凉的栖息地，由于只有少量的猎物存在，狼则需要跑很远的路才能猎得食物。

在狼的世界里，"适者生存"的大自然法则持续运行着，如同最虚弱的美洲驯鹿为狼所捕获一样，最虚弱的狼也会消失。狼的生存主要是依托在战胜对手，吃掉对手的方式上，否则会被饿死。而捕猎是危险的，狼在捕获猎物的时候，常常会遇到猎物的拼死抵抗，一些大型猎物有时还会伤及狼的生命。研究表明，狼捕猎的成功率只有7%~10%。

一旦捕猎成功，狼还必须警惕其他想不劳而获的动物的袭击。这些动物还经常袭击、捕杀狼的幼崽。狼必须时刻警惕来自不同方面的侵袭。最后，狼还必须与人类抗争，人类无疑是狼繁衍生存的最大威胁。

正是在这种险恶的环境中，狼才得以战胜对手，成为陆地上食物链的最高单位之一。

对于人类来说，困境是产生强者的土壤。但在生活中，有很多人只会抱怨环境的恶劣，把逆境当成魔鬼，从而不知

道如何从逆境中奋起，不知道只有逆境才能磨炼出强者。

美国陆军在沙漠里训练，一名军人的妻子随军来到这里。但是她十分不喜欢这里的环境，就在写给爸爸妈妈的信中抱怨了这一情况。后来，她的妈妈在回信中给她讲了这样一个故事：在美国俄亥俄州阿克平原市的贫民窟里，私生子詹姆斯刚一出生就意味着要活在别人的白眼中。母亲格里亚·詹姆斯16岁就生下他，在没有生下儿子之前，她是贫民窟公认的坏女人。他不知道自己的父亲是谁，母亲从来没有提起过。从记事起，没有孩子愿意和他一起玩，他们一边喊着"打死你这个没有爸爸的野孩子詹姆斯"，一边远远地朝他身上扔泥巴。他一边左右躲闪，一边狼狈地朝后退，结果一下子掉进背后的臭水沟里，全身又湿又臭。

这样的欺侮每隔几天就会上演，他只是别人眼中的小丑和笑料。随着年龄的增长，詹姆斯骨子里的自尊开始慢慢滋生。终于有一天，当一个白人中学生用满口脏话问候他的父母时，忍无可忍的詹姆斯爆发了，他握紧了自己的小拳头。

尽管年小力弱的他拳头砸在别人身上软绵绵的，但却吹响了他迎接挑衅的号角。高出他一头的白人学生的拳头无情

第二章　在逆境中崛起

地落到他的头上。这一次，詹姆斯没有感到害怕，他高高仰起头，无畏地用自己所有的力量去回击。白人学生害怕了，朝他扔了一块小石头，然后跑了。詹姆斯感到自己脸上火辣辣的，一摸原来是血，那块石头击中了自己的额头。那一刻，他甚至有些高兴：原来自己身体里的血液也是鲜红的，和其他人一模一样，自己并不低贱。

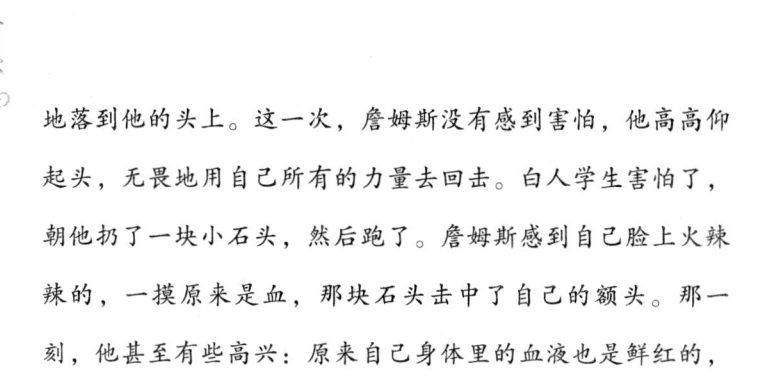

那天晚上，詹姆斯久久难眠，他觉得自己白天做了一件勇敢而伟大的事。他翻开一本故事书，看到了这样一个故事。古老的战争年代，一个女人到沙漠中去探望军营中的丈夫。不久，丈夫被派出差，剩下她一人。看着满地的黄沙，孤苦难耐之下给家里写信倾诉。父亲的回信只有两句话："两个人从监狱往外看，一个人低头看见烂泥，一个人抬头看见星星。"詹姆斯眼前一亮：基因、肤色和环境也许无法改变，但你可以左右自己的心态和行动。他翻身下床，兴奋地在本子上写下："用勇气面对现实，正视不公，迎接挑战，做真正的强者和英雄。"

从第二天起，詹姆斯开始拼命地学习，拼命地奔跑，

拼命地锻炼力量。直到有一天，他在电视上看到了高高跳起扣篮的"飞人"乔丹，他的内心有了一条笔直的人生道路。詹姆斯开始疯狂爱上了迈克尔·乔丹，爱上了23号，爱上篮球，他的墙上贴满了飞人乔丹的所有海报。14岁时，他身高就已经达到了1米93，肌肉也发育得非常强壮。

走出苦难，他的人生翻开了另一副牌，写满辉煌与奇迹。2002~2003赛季，他带领俄亥俄州的圣文森特圣玛丽高中篮球队取得25胜1负的惊人战绩，参加了四次高中联赛，三次获得州冠军，高中时候的詹姆斯就当选了美联社的"俄亥俄州篮球先生"。2003年NBA克利夫兰骑士队毫不犹豫地选中了"状元秀"詹姆斯。这是第一个在还没有进入NBA就拥有了一份天价赞助合同的球员。湖人资深教练杰克逊甚至断言："他将是联盟中50年难得一遇的旷世奇才。"

他就是篮球王国里的小皇帝勒布朗·詹姆斯。现在的詹姆斯已经是克里夫兰骑士队的绝对核心，22岁的他第四次入选了全明星阵容，并获得MVP，成为最年轻全明星赛最有价值球员。2009年，詹姆斯荣登常规赛最有价值球员。

第二章　在逆境中崛起

只有抬头，才能看见满天星星；只有行动，才能追逐梦想；要自尊、自信，要相信自己，其实你的血液和别人一样鲜红。你不勇敢、不积极、不快乐的话，那你就在心中设置了一座牢狱，自己给自己判了无期徒刑。

这个故事使军人的妻子恍然大悟。从此她试着改变自己对生活的态度，不再对土著人敬而远之，而是接近他们，用手势和他们交流。当她把饼干送给土著居民时，土著人也送给她一些漂亮的贝壳，这让她感到十分快乐。回到美国后，她不仅举办了一个贝壳展览，还写了《快乐的城堡》一书来纪念她在沙漠里的快乐生活。

一切都还是原来的样子，沙漠不曾改变，土著人也不曾改变，只是她的心态变了，快乐也就来了。

很多时候，客观环境无法改变，我们不得不选择适应。只要改变我们所关注的焦点、改变我们的心态，一切都将变得不同。

许多天才人物并不是天生的强者，他们的竞争意识与自我创新能力并非与生俱来，而是通过后天的奋斗逐渐形成。通过学习，谁都能有胆有识，敢于竞争，敢于创新。

不要因为弱小而不敢与人竞争，也不敢轻易创新。弱者有自己生存的方式，只要相信弱者不弱，勇敢面对敌人，我们同样能培养出竞争意识和自我创新能力。

自然界有一条定律，弱者有自己的空间。的确，无论强者弱者都有一套适应自然法则的本领，只要你认真地生活着，拥有自己的游刃有余的空间，充分发挥自己的优势，到那时，你的优势会弥补你的不足，你定能获得成功。

19世纪初，有一位将领在战场上吃了败仗，落荒而逃。最后，他不得不躲进一家家传的草堆里。他躺在那里懊丧、愤恨、悲观失望，这时，他看见在草舍的角上有一只蜘蛛正在结网，眼看着它费好大的劲拉上的一根丝很快就被风吹断了，对此，蜘蛛丝毫没有放弃的意思，丝一次次地被吹断，它一次次地结，没有气馁，网终于结成了。将军看到这里，突然振作起来，难道我堂堂一个大丈夫还不如一个蜘蛛吗？于是，他冲出柴房加去重整旗鼓，最后在滑铁卢大败拿破仑，这将将军就赫赫有名的英国公爵惠灵顿。

相对而言，处于顺境中是幸运的，陷于逆境中是不幸的，甚至是一种厄运。逆境确实容易使人消沉，丧失斗志；

第二章　在逆境中崛起

顺境有利于人在良好的环境和心态下正常发挥自己的水平。

人生路上，我们不可能永远一帆风顺，时而在横亘在眼前的高山或沟壑，阻挡我们前进的步伐。既然环境难以改变，我们不如改变自己的心态，当我们以一种积极向上的心态看世界时，我们就会发现自己的世界竟然如此美丽。一个内心积极的人，永远不会被沮丧、失望、忧愁等不良情绪控制。他们会自动自发地克服困难，使自己始终保持乐观的心态和昂扬的斗志。积极的心态美化人生，消极的心态虚耗人生；积极的心态点亮成功的希望，消极的心态蒙蔽你寻找美丽的眼睛。

著名作家尼尔·奥斯丁先天残疾。一天，当他意识到自己的不同而陷入绝望时，他收到了父亲送的笔记本，扉页上写道："这是一个古老的祷告——上帝啊，请允许我接受我不可更改的事实，请赐予我改变可以发生变更之事的勇气，还要给我区分两者之不同的智慧。"奥斯丁正是受到这句话的启发，开始试着接受双手畸形的残酷事实，从而收获了成功的人生。

现实生活中，许多奇迹都是在厄运中出现，因为顺境容

易让人舒服，顺境容易消磨斗志，容易让人不再有所追求，从而平平常常，无法杰出；而逆境能磨炼坚强的意志，激励人奋力拼搏，顽强奋进，有时甚至能够使自己的能力得到超常发挥，取得令人陶醉、令人向往的成就。

美国潜能成功学家罗宾说："人在面对人生逆境时所持的信念，远比任何条件都来得重要。"这是因为当环境无法改变时，只有以积极的心态适应环境，才能走出困境。美国成功学学者拿破仑·希尔这样强调了心态的意义："人与人之间只有很小的差异，这个差异就是所具备的心态积极与否，然而，这个很小的差异却决定了你能否成功。"《鲁滨逊漂流记》中的故事脍炙人口，其中的生存智慧值得我们每个人学习，首要的一条就是面对险恶的环境，要有积极进取的心态，它是生命中的阳光和雨露，为我们驱走黑暗和阴霾，带我们走向阳光明媚的明天。

第二章 在逆境中崛起

在逆境中崛起

好运所生的德行是节制,厄运所生的德行是坚韧。温柔室里的花朵经不起风雨的袭击;饱受风浪考验的海鸥却能够搏击海空。同理,处在顺境中的公司也许并非真正强大,处在逆境中的公司却能够不断地战胜危机,克服困难而顽强奋进,取得辉煌的成就,获得更大的成功。只要抓住逆境中的希望,并把它当作动力,就能够在逆境中崛起。

一个走夜路的人撞到了一块石头上,重重地跌倒了,他爬起来,揉着疼痛的膝盖继续向前走。他走进了一个死胡同,前面是墙,左面是墙,右面也是墙,前面的墙刚好比他

高一头，他费了很大的力气也攀不上去。他忽然他灵机一动，想起了刚才绊倒自己的那块石头，就把它搬来垫在脚下。踩着那块石头，他轻松地爬到了墙上，轻轻一跳，他就越过了那堵墙。

石头就好像是人生中的挫折，有的人被绊倒了就是不愿意起来，一直生活在痛苦中；有的人被绊倒了，他选择绕开石头，一直在逃避生活；还有的人被绊倒了，把石头垫在脚下，他成功了。

把石头垫在脚下是人生的一种态度，它教人如何从挫折中走出来，如何从幼稚走向成熟，如何为成功奠定基础。没有经历苦难的生命是不完整的，我们只要经历并克服了苦难，就能进入一片新天地。

人人都会遇到逆境，但是更多的人被绊脚石绊倒以后就再也爬不起来了，更不会像故事中的人一样，化不利为有利，把绊脚石变成垫脚石。对于困境，你变换一个角度去看它，它就不再是羁绊你的障碍。

那些不因一时的挫折而停止尝试的人，永远不会失败。处于逆境、陷于困苦时，你更要学会坚持，不要轻易气馁和放弃，这样才会从逆境中能找到顺境中的所没有的机会。

第二章　在逆境中崛起

天无绝人之路，不管你经历多少挫折、多少磨难，只要一直努力，在逆境中善于自处、锻炼自己、提高自己，你就一定会创造奇迹。即使上帝关上所有的门，也会给你留下一扇打开的窗，而你自己要具有永不言败的精神。

有一个男人是一个冷酷无情的人，嗜酒如命且毒瘾甚深，有好几次差点把命都给送了，就因为在酒吧里看不顺眼一位酒保而犯下杀人罪，被判终身监禁。

他有两个儿子，年龄相差才一岁，其中一个跟他老爸一样有很重的毒瘾，靠偷窃和勒索为生，不久也因犯了杀人罪而坐监。

另外一个儿子可不一样了，他担任一家大企业的分公司经理，有美满的婚姻，养了三个可爱的孩子，既不喝酒更未吸毒。

为什么同出于一个父亲，在完全相同的环境下长大，两个人却会有不同的命运？在一次个别的私下访问中，有人问起造成他们现况的原因，二人竟然是相同的答案：

"有这样的老子，我还能有什么办法？"

我们经常以为一个人的成就深受环境所影响，有什么样

的遭遇就有什么样的人生。这实在是再荒谬不过了,影响我们人生的绝不是环境,也绝不是遭遇,而得看我们对这一切是抱持什么样的信念。

成长环境一样,但结果却完全不同,我们不禁会问:身处同样的环境中,为什么有的人成就了非凡的人生,而有的人却被环境所害?在生活中,我们总是说有什么样的环境就有什么样的人生。这实在是再荒谬不过了。影响我们人生的绝不是环境,而是我们对这一切持什么样的态度。面对人生逆境或困境时所持的态度,远比任何事都来得重要。

许多人之所以能够成功,就在于他们矢志不渝地追求他们的目标,而不管别人如何看待。越是不可能的东西,越是身处逆境的挫折里,对他们而言越具有挑战性。

威廉·李尔是世界航空业和电子界传奇式先驱者、发明家、飞行家、实业巨子、亿万富翁,还有——"疯子"。李尔"疯"就"疯"在敢于不断地向逆境挑战。

当有一次他公开宣布他要制造一种新型的喷气式飞机时,航空界的专家们都不屑于发表评论,但他自己丝毫不管这些专家所判的"死刑",仍然大搞特搞,而且预言:他的飞机将成为一泻千里的畅销品。结果,正如他事后得意宣

第二章 在逆境中崛起

称:"我造出飞机来了,飞机也飞起来了,我也把它卖出去了。"他的自信极其突出地表现在他勇于反抗嘲弄与反对,勇于克服逆境,横眉冷对那么悲观的评论,坚定的按自己的想法去行事。他做了世界上所有飞机制造商都认为绝对不可能的事!李尔充满了自信,他先做好了飞机的生产线,而后直接造出了飞机。这种做法给他节省了一大段研制生产的时间,使他的新型飞机总是能以极快的速度面世,从而获得高额利润。"这样的做法,你不是对极了,就是错极了,"李尔说,"而我是对极了。"

这就是逆境成才之人自信和意志所创造的奇迹,这就是他们与众不同的风采。敢于向逆境挑战,敢于向不可能问鼎,敢于独辟新径,花费大量的时间和金钱于一个不知前景的事业上去。而很多白手起家的人,他们都有超越现实的欲望,渴望能摆脱困境,把梦想变为现实。他们都是"疯狂"的人,都是兴风作浪的勇者。

曾经在华尔街呼风唤雨并担任美国财政部长的里甘出身贫穷,很多人只看到了辉煌的成绩,并猜疑着他的家庭背景有如何优越。事实上,里甘出身贫穷,他是凭借自身的才学

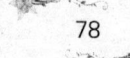

获得了奖学金，然后才有机会去哈佛深造的。

里甘从小便身处逆境，但他知道如何在逆境中抗争，如何不屈从命运的安排。里甘从来不认为家庭贫穷是多么难堪的一件事。当朋友问及他的出身时，他会毫不隐讳地告诉他们自己出身于贫困的农民家庭。担任美国财政部部长时他也是这样做的。里甘把贫穷作为自己奋斗的动力，他发愤图强，自励自勉，白手起家，终于在他的人生道路上确定了人生目标。

里甘要不是凭借他自身的才学获得奖学金，他可能也不会有去哈佛深造的机会。他自小便身处逆境，但他知道如何在逆境中抗争，如何不屈从命运的安排。

那么，他的逆境成才之术是什么呢？逆境为什么能更好的造就人才呢？

首先，逆境能提高个人的认知感受力。没有对事物深刻的认识，就无法进行创造活动，更难有作为。人在顺境中和在逆境中对同一事物所获得的感受是不同的。从某种意义上说，环境越是恶劣，给人带来的痛苦越大，越是能促进人进行反思和加深对事物的认识，并加速完成认识上的飞跃，从

第二章 在逆境中崛起

而开阔思路,产生新的见解,使创造性思维得以激活。

出生在官宦之家的曹雪芹原本是一个纨绔子弟,整天只知道吃喝玩乐和儿女情长。后来由于家道中落,他被推向社会的最底层,过着十分贫困的生活,饱尝了人间的辛酸。而正是这种破败的境遇推动他认知感受力的提高,丰富了生活经验,激发了创作欲望,他最终写出了被誉为生活百科全书的文学名著《红楼梦》。

其次,一个处在顺境中的人,无论是物质方面的需要或是精神方面的需要都易于得到满足,因此,难以产生改善自己的愿望,成才动机也较弱;而一个处在逆境中的人,由于物质的匮乏和精神上的压抑,因此改善自己的愿望就强烈得多。他们力图通过自身的努力去改善不良的境遇,从而推动个人走上成才之路。

里甘在哈佛大学与肯尼迪是同学,两个境遇不同的人偶然相遇在一起。处在逆境中的里甘看见处在顺境中的肯尼迪家世显赫,家财万贯,遂萌生了生财欲望,决定靠自己勤劳的双手、智慧的头脑为自己闯出一片天空,里甘的愿望最终实现了。

再次,逆境能增强个人挫折承受力。艰苦的生活环境,

充满不幸和挫折。有苦难生活经历的人，由于经常与不幸和挫折打交道，所以具有较高的挫折承受力。这种人在进行创造活动时，能经受住失败和挫折的考验，易于获得成就和成为人才。发明大王爱迪生出生在一个贫穷的农民家里。他没有受过正式的学校教育，很小就帮助家里干活。8岁时就能自己种菜并能挑到街上去卖。他12岁开始打工，到城市和火车上卖报子，饱受了艰难生活的磨练，培养出较高的挫折承受力。而这种良好的意志品质使他受益终身。爱迪生一生中的发明共1300多项，而每项发明的成功都经历百次、千次甚至上万次的失败，最后才取得成功。

里甘也许没有像爱迪生那样有千万次的失败，但出生同样贫穷的里甘和爱迪生一样从逆境中奋发出来，否则里甘怎么会有从家徒四壁到华尔街大亨的辉煌转变呢？在里甘看来，贫穷没有什么可怕，正是他面对贫穷的良好心态成就了他的成功人生。同样的事情，你从不同的角度去看待它，用不同的思维方法去研究它，便会得出全然不同的结论。年轻人应该有这样的认识：没有经历过苦难的生命是不完整的，苦难能成全人生。逆境是我们通向成功所必须经过的考验和磨炼，我们只要经历并克服了他们，就能进入一片新天地。

第二章　在逆境中崛起

就像真理一样，创造性思维能让你获得自由。你的思维越富有创造性，你就越不用完全依靠努力工作来取得成功。在这个世界上没有什么东西会比具有想象力的项目产生的长远收益更大。这是创造性成为成功者生活方式中的基本要素。

第三章

敢于挑战「不可能」

第三章　敢于挑战"不可能"

不断挑战自己

在充满残酷竞争、危机感日益增强的职场，不断给自己提出新的挑战，而不是被动接受挑战，也是捷足先登、立于不败之地的秘诀。

著名的"马蝇效应"源于这样一个典故：

1860年，林肯当选为美国总统。一天，有位叫作巴恩的大银行家到林肯的府邸拜访，正巧看见参议员萨蒙·蔡思从林肯的办公室走出来。于是，巴恩就对林肯说："您最好不要将此人选入你的内阁。"

林肯奇怪地问："为什么？"

巴恩说:"因为他是个自大成性的家伙,他甚至认为他要比您伟大得多!"

林肯笑了:"哦,除了他以外,您还知道有谁认为自己比我要伟大的?"

"不知道,"巴恩说,"不过,您为什么这样问?"

林肯回答:"因为我要把他们全都收入我的内阁。"

事实证明,这位银行家的话是有道理的,蔡思的确是个狂态十足、极其自大,而且嫉妒心极强的家伙。他狂热地追求最高领导权,他本想入主白宫,不料落败于林肯,只好退而求其次,想当国务卿。无奈,林肯却把这个职位交给了西华德,他只好坐第三把交椅——当了林肯政府的财政部长。为此,他怀恨在心,愤怒不已。不过这个家伙确实是个大能人,在财政预算和宏观调控方面很有一手。林肯一直非常器重他,并通过各种手段尽量避免与他产生冲突。

后来,目睹过蔡思的种种行径,并搜集了很多资料的《纽约时报》主编亨利·雷蒙特拜访林肯的时候,特地告诉他蔡思正在上蹿下跳,狂热地谋求总统职位。林肯以他那一

第三章　敢于挑战"不可能"

贯的幽默对雷蒙特说道："亨利，你不是在农村长大的吗？那么你一定知道什么是马蝇了。有一次我和我的兄弟在肯塔基老家的一个农场犁玉米地，我吆马，他扶犁。偏偏那匹马很懒，老是磨洋工，但有一段时间它却在地里跑得飞快，我们差点跟不上它。到了地头，我才发现，有一只很大的马蝇叮在它身上，于是我就把马蝇打落了。我的兄弟问我为什么要打掉它。我告诉他，不忍心让马被咬。我的兄弟却告诉我：'就是因为有了那家伙，这匹马才跑得那么快。'"然后，林肯意味深长地对亨利·雷蒙特说："如果现在有一只叫'总统欲'的马蝇正叮着蔡思先生，那么只要它能使蔡思的那个部门不停地跑，我就不想去打落它。"

没有马蝇叮咬，马慢慢腾腾，走走停停；有马蝇叮咬，马不敢怠慢，跑得飞快。这就是著名的"马蝇效应"。

慢马变为快马的秘密在于马蝇的叮咬。那么作为身处职场的一名员工，要想成就一番事业、证明自身的价值，或者功利点讲，想获得物质上的财富，需要什么来叮咬呢？

答案就是取胜的欲望。成功学大师卡耐基说："要做成事的方法，是激起竞争，不是钩心斗角的竞争，而是取胜的

欲望。"取胜的欲望就是叮在我们身上的一只马蝇，它促使我们在困难面前永不妥协，在强大的对手面前永不低头，多一点儿取胜的欲望，就一定会多一点儿成功的动力和机会。

说到这里，可能会有人问了，如何才能激起内心的取胜欲望呢？

答案就是保持强烈的进取心，不断挑战，绝不安于平庸。这是那些优秀的、出类拔萃的员工们最喜爱的竞技，是一种自我表现的绝好机会，是激起内心求胜欲望的最好方法。

有进取心、不断挑战自我，从根本上说是为了自身的不断进步。而这种挑战的过程又是重塑自我的过程。这好比跳高运动员，不断挑战就是要把有待越过的横杆升高一格或几格，没有最好，只有更好；又好比足球运动中的优秀前锋，永远把下一个进球当作最好的。或许他们的这种挑战，所带来的超越，只是多了一点儿，并不那么明显和突出，但正因为多了这一点儿，他们才能保持内心的那种取胜欲望，不断走在前进的路上，不至于停滞不前。

需要注意的是，在给自己寻找挑战时，不能好高骛远、不切实际，也不要认为挑战的对象一定是什么宏大的目标，工作中，多克服一点儿小的坏习惯，多纠正一点儿小的工作缺

第三章 敢于挑战"不可能"

陷等都可以成为挑战的对象。

当你面对一份有挑战性的工作任务时，首先就得为自己灌输信心。然后再了解为什么这项工作有着那么多的不可能。看看自己的实力，衡量一下自己是否确实有能力完成它。如果你的实力不够的话，想想办法能不能把它给补足。因为对于挑战来说，结局无外乎两个：成功或是失败。能否顺利完成，就得看你自己的了。

换句话说，要是对自己的实力估计有了偏差，对自己判断有误，无法将任务完成的话，你也不要失望和沮丧。真正聪明而有头脑的上司不会把眼光仅仅局限在你是否完成了任务上，他会在你完成任务的过程中观察你的态度和工作思路，再判断你的能力。因为有任何挑战都会是100%的成功，但是你仍然会受到你老板的喜爱，因为至少你敢于向困难挑战，敢于去尝试别人所畏惧的工作。

作为公司职员，也要像西点军校的学员那样，从根本上克服无知的障碍，打破不可能的常规，有着充分的自信心。只要有了这些，你就能拥有百倍于平时的能力和智慧。机会就在你手中，关键在于你怎么这么去把握。没有公司会愿意要那些意志力薄弱的职员，他们遇到一点儿挫折就会失去信

心和智慧，这样的弱者，是不会被考虑的。那么你又准备当一个什么样的人呢？

一个保险公司的一位卖保险的员工叫亚当。他一直盼望着自己成为公司最棒的推销员。可是他现在面临一个非常困难的工作任务：他在威斯康星州的一个街区没有任何一份定单。他对此很不满意，但是并没有因此而感到气馁而退缩。第二天，亚当又回到了那个选区，重新拜访那些顾客，说服他们每一个人，向他们推销保险。结果令他欢欣鼓舞，不但说服了每一个人，还新增加了66份保险单。这可是一个不同寻常的成绩，如果不是亚当在风雪中艰难地走街串巷，哪会有这来之不易的结果？要是亚当没有这种敢于向困难挑战的精神和勇气，结局就可能是他被公司给开除。

第三章 敢于挑战"不可能"

向高难度工作挑战

不敢向高难度的工作挑战,是对自己的潜能画地为牢,只能使自己无限的潜能化为有限的成就。与此同时,无知的认识会使你的天赋减弱,因为懦夫一样的所作所为,不配拥有这样的能力。

有一位银行家,在51岁的时候,财富高达几百万美元,而到52岁的时候,他失去了所有的财富,而且背上了一大堆的债务。面临巨大打击,他没有颓废地就此倒下,而是决定要东山再起。不久,他又积累了巨额的财富。当他还清最后300个债务人的欠款后,这位银行家实现了他的承诺。有人

问他，他的第二笔财富是怎样积累起来的？他回答："这很简单，因为我从来没有改变从父母身上继承下来的个性，就是积极乐观。从我早期谋生开始，我就认为要以充满希望的一面来看待万事万物，而不要在阴影的笼罩下生活。我总是有理由让自己相信，实际的情况比一般人设想和尖刻批评的情况要好得多。我相信，我们的社会到处都是财富，只要去工作就一定会发现财富、获得财富。这就是我生活成功的秘密。记住：总要看到事物阳光灿烂的一面。我们要学会在困境中保持最甜美的微笑。"

当有一份很难的工作在等着你去做的时候，你需要做的不是逃避，把自己的潜力隐藏起来，失去了把自己的潜力发挥的机会，那你也很难会有进步，而成为一个一个退缩不前的懦夫。

许多历经挫败而最终成功的人，感受"熬不下去"的时候比任何人都要多。但是，他们总能树立"成功就在下一次"的信念，并坚持到底。

不要抱怨播种子不发芽，只要你精心呵护，总会有收获的一天。

人和竹子一样，往往也是"一节一节成长"的。在你最想放弃的时候，恰恰是你最不能放弃的时候！

第三章　敢于挑战"不可能"

大胆地去进攻

西点毕业生、四星上将乔治·巴顿说:"攻击你的目标,永远不要撤退,至少要下定决心不要撤退。因为战争只有三个原则:大胆!大胆!大胆!"

巴顿作战有一条座右铭,那就是"攻击,攻击,再攻击!"在布列塔尼战役中,他的这种领导方式得到了充分的展现。在这场战役中,身为集团军司令的巴顿,命令第八军冒着两翼和后方暴露挨打的危险,向二英里外德军防守的布雷斯特港进攻。这使得那些参谋们顿生疑虑,认为这是铤而走险的做法,能够获胜的概率几乎为零。但是巴顿却认为,

只要存在一线可能,就要果断地进攻。而结果显示,正是巴顿的这一看似冒险的决策,使整个战局发生了根本性的变化,巴顿最终取得了胜利。

人就应该有巴顿这种果断的进攻精神,在你的脑子里,不应该存在"不可能"的想法。其实,真正的敌人永远是自己,战胜困难远比打败自己容易得多。当你在心里就告诉自己"能行"的时候,你就可以唤醒内心的潜能,进而获得成功。

很多人向巴顿求取成功之道,他说:"如果我能最终成功,肯定是因为我有一个大胆的梦想,并且会用全部的精力去追求!"

卡耐基曾说:"必怕什么,只要你向前走,你就能发现自己、找到成功!"

一个积极向上的人,是敢于大胆进攻的人,他不会受被动局面的限制,更不会停留在已有的条件或成绩上等待,他总是不停地开拓进取。

剑桥大学的教授曾经做了一个这样的试验来教育学生:实验对象是三只老鼠,学生分成了三组进行实验。

教授对第一组学生说:"你们很幸运,将和天才老鼠同在一起。这只老鼠反应敏捷,它会很快到达迷宫的终点,并

第三章 敢于挑战"不可能"

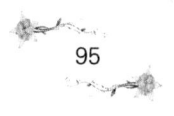

且吃许多干酪,你们要在终点多准备一些给它。"

教授对第二组学生说:"你们的这只老鼠嗅觉和反应能力都很普通。它有希望到达终点。"

教授对第三组学生说:"这是一只很愚蠢的老鼠。它能找到迷宫终点的可能性非常小,我看你们不必在终点准备干酪了。"

实验开始了,天才老鼠在很短的时间内就到达了迷宫的终点。普通老鼠虽然也到达了终点,但是第二组学生并没有像第一组一样记下它的速度和到达过程。那只所谓的愚蠢的老鼠,最终也没有到达终点。

最后,教授告诉学生,这些老鼠都是同一窝中的普通者,反应水平是一样的。只是因为三组同学的态度不同而导致了不同的结果。

可以试想,如果一个球员肯定自己的实力,相信自己有良好的球技、充分的练习和准备,那么他赢球的可能性就会大于赛前就认定自己技不如人的球员。

具有必胜的信心,就不会轻易被困难吓倒,"没有什么不可能"的精神状态是赢得竞争的关键因素。

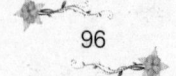

正如一位西点人所说："只要你想,那你就一定能。"西点不需要那些"不可能"或是"我办不到"之类的话,他们要求学员把这些不可能的借口永远丢掉。

也许你的老板可以控制你的工资,可是他却无法遮住你的眼睛,捂上你的耳朵,阻止你去思考、去学习。换句话说,他无法阻止你为将来所做的努力,也无法剥夺你因此而得到的回报。

许多员工总是在为自己的懒惰和无知寻找理由。有的说老板对他的能力和成果视而不见,有的会说老板太吝啬,付出再多也得不到相应的回报……没有任何人一开始工作就能发挥全部潜能,就可以出色地完成每一项任务。同样,也很少有人一开始就能发挥全部潜能,就可以出色地完成每一项任务,同时,也很少有人一开始就能拿到很高的工资。因此,当你在付出自己的努力时,一定要学会耐心等待,等待他人的信任和赏识,你才能得到重用,才能向更高的目标前进。

如果在工作中受到挫折,如果你认为自己的工资太低,如果你发现一个没有你能干的人成为你的上司,也不要气馁,因为谁都抢不走你拥有的无形资产——你的技能,你的经验,你的决心和信心,而这一切最终都会给你回报。

第三章 敢于挑战"不可能"

不要对自己说:"既然老板给得少,我就干得少,没必要费心地去完成每一个任务。"也不要因为自己挣的钱少,就安慰自己说:"算了,我技不如人,能拿到这些工资也知足了。"消极的思想会让你看不见自己的潜力,会让你失去前进的动力和信心,会让你放弃很多宝贵的机会,使你与成功失之交臂。

也许我们无法命令老板做什么,但是我们却可以让自己按照最佳的方式行事;也许老板不是很有风度,但是我们应该要求自己做事要有原则。你不应该因为老板的缺点而不努力工作,而埋没了自己的才华,毁了自己的未来。总之,不论你的老板有多吝啬多苛刻,你都不能以此为由放弃努力。

试比较两个具有相同背景的年轻人。一个热情主动、积极进取,对自己的工作总是精益求精,总是为公司的利益着想;而另一个总喜欢投机取巧,总嫌自己的薪水太低,总把自己的利益放在第一位。如果你是老板,你会雇用谁,或者说你会给谁更多的发展和晋升的机会呢?

世界上大多数人都在为薪水而工作,如果你能不为薪水而工作,你就超越了芸芸众生,也就迈出了成功的第一步。

西点的训练是是非常苛刻的,只有50%~70%的西点学员

能够顺利毕业，但正是这样严格的要求才磨炼塑造了西点学员坚持不懈、永不放弃的品格，也增强了他们将来成功的可能性。

一部纪录片中有一段这样的情节：在一片水洼中，一只面目狰狞的水鸟正在吞噬一只青蛙。青蛙的头部和大半个身体都被水鸟吞进了嘴里，只剩下一只无力乱蹬的腿，可是出人意料的是青蛙却将前爪从水鸟的嘴里挣脱出来，猛然间死死地攥住水鸟的细长的脖子。

这部纪录片就是在讲述这样的道理：无论在什么时候，都不能放弃！即使面临死亡的威胁，都不能放弃。情绪上的懈怠和泄气只会将你自己逼入绝境。任何时候都要心存希望，不论时间有多晚，成功都有可能在你努力之后出现。而你一旦放弃或是畏惧，那么就连一点儿胜利的机会都不会有了。

发生在1914年12月的那场大火，几乎把托马斯·爱迪生实验室摧毁，虽然损失超过200万美元，但因为那座建筑是混凝土结构，原本以为是可以预防火灾的，所以只投保了238000美元的火险，爱迪生一生大半的研究成果都在这次火灾中付之一炬。此时，他已经不再是年轻的小伙子，而已是67岁的老人了。

第三章　敢于挑战"不可能"

很多人推测这位发明巨人可能会因此而倒下，可令人们惊奇的是，在一个月的时间里，一座新的更大的实验室又被他重新建立起来。只有坚持永不言弃的信念，才能取得最终成功，这可以说是一个不变的真理，并一直在不断地得到验证。

所以，无论别人觉得你如何愚笨，无论你失败了多少次，只要你选择坚强，选择坚韧，选择不放弃，那么即使再失败一千次，我们还可以第一千零一次爬起来，再一次扑向成功的怀抱。

林肯年轻的时候就下定决心要成为有影响力的公众人物，并且和他的朋友讨论他的计划。他告诉好朋友格瑞尼说："我和伟大的人物交谈过，我并不认为她们与其他人有什么区别。"

为了坚持演讲练习，他经常要走上七八里路去参加辩论俱乐部的活动。他把这种训练叫做"实践辩论术。"

他找到校长蒙特·格雷厄姆，向他请教有关学习语法的建议。

格雷厄姆先生说："如果你想要站在公众面前的话，你应当学习语法。"

林肯听从格雷厄姆校长建议,前往六应里外的地方,借回不少柯克汉姆语法书。林肯从那时候起一连几个星期,他把所有的时间都用来掌握这本书的内容。当他碰到疑难问题时,就向格雷厄姆先生请教。

　　林肯的学习热情如此浓厚,引起了所有邻居的关注。格瑞尼借书给他看,校长记住了他,尽自己所能来帮助他,村里的制桶工人也允许他到店里拿走一些刨花,晚上看书时用来点火照明。不久之后,林肯就熟练地掌握了英语语法。

　　林肯说:"我想学习所有那些被人们称为科学的新东西。"在这个过程中,林肯还发现另一件事——通过坚持不谢的努力,他能征服所有的目标。

　　只要拥有坚强的品格,坚持不懈地努力,一个人就能征服所有的可能,达到自己的目标。这世界上没有别的东西可以替代坚韧的意志。在刚强坚毅者的眼里,有所谓的滑铁卢,对于志在成大事者而言,不论面对怎样的困境、多大的打击,他都不会放弃最后的努力,因为胜利往往产生于再坚持一下的努力之中。

第三章 敢于挑战"不可能"

主动出击才能抢占先机

　　主动是什么？主动就是不用别人告诉你，你就可以出色地完成工作。一个优秀的员工应该是一个自动自发地工作的人，而一个优秀的管理者则更应该努力培养员工的主动性。

　　主动地去做好一切吧！千万不要等到你的老板来催促你的时候。不要做一个墨守成规的员工，不要害怕犯错，勇敢一点吧！老板没让你做的事你也一样可以发挥自己的能力，成功地完成任务。

　　当托尼以财务部职员身份进入摩托罗拉德国分公司时，他在移动通讯领域毫无工作经验，但他拥有出类拔萃的品

质,他工作积极主动,待人真诚,经常义不容辞地帮助同事们,而不仅仅做事签签支票、记记账而已。他刚来公司的时候,公司人员流失严重,他提出了一个特殊的计划,最大限度地利用现有的人力资源,这个计划非常奏效。他对整个公司都充满责任感,而不仅仅只是关心自己的部门。他为生产部做了一份详尽的资金预算,说明投资3000美元购买新机器将得到如何的回报。

公司的业务一度陷入低谷,他找到业务经理,说:"我对业务不熟悉,但是我想试着帮个忙。"他确实做到了,他提出许多构想,帮公司完成了几笔大业务。每位新雇员加入后,他都会帮助熟悉环境、建立信心。他对整个公司的运作兴趣盎然。

"但是不要误会托尼并不是专门在我面前表现自己。他纯粹是把公司的事业当成了自己的事业。"托公司的总经理这样评价他,并且对其不断提拔。当三年后总经理退休后,托尼理所当然的成了他的接班人。

托尼踏上了通往舒适生活的高速公路上,他掌握了成功

第三章　敢于挑战"不可能"

的基本原则：一个人目前拥有多少并不重要，重要的是，他打算获得多少，并且是否积极主动地为之努力。

我们都可以从他身上学到一些经验，一个人不要局限于自己的工作，只要你能尽力，你就可以多为公司内其他的部分的工作贡献自己的一份力量，因为自己在这个过程中也可以得到成长。托尼从始至终就没有把自己仅仅当成一名普通会计，而是把自己当成公司的一员，正是这种思想，让他有了积极主动的工作态度。

在职场中，一个人只要具备了积极主动、永争第一的品质，不管做的是多么变通、枯燥的工作，都有成为优秀员工的希望。如果你在服从上司指令的基础上，再做好自我管理和自我激励，这样，你就更有机会成为优秀员工了。

我钦佩的是那些不论老板是否在办公室都会努力工作的人，这种人永远不会被解雇，也永远不必为了加薪而罢工。

如果只在别人注意你的时候你才有好的表现，你将永远也达不到成功的巅峰。你应该为自己设定最严格的标准，而不应该由他人来要求你。

如果老板对你的期许还没有你自己的期许高的话，你将永远也不可能被辞职，反而，这只会使你离晋升的日子越来

越近。

　　成功是一种努力的积累，那些一夜成名的人，其实，在他们获得成功之前，已经默默地奋斗了很长时间。任何人，要想获取成功都要长时间的努力和奋斗。

　　要想获得最高的成就，你必须永远保持主动率先的精神，哪怕你面对的是多么令你感到无趣的工作，这么做才能让你获取最高的成就。自动自发地工作吧！这样一种工作习惯可以使你成为领导者和老板。那些获取了成功的人，正是由于他们用行动证明了自己敢于承担责任而让人百倍信赖。

　　那些成大事者和平庸的人之间最大的区别就在于，成大事者总是自动自发地去工作，而且愿意为自己所做的一切承担责任。要想获得成功，你就必须敢于对自己的行为负责，没有人会给你成功的动力，同样也没有人可以阻挠你实现成功的愿望。

第三章 敢于挑战"不可能"

工作需要坚强耐心

每一件事情对人生都具有十分深刻的意义。你是砖石工或泥瓦匠吗？可曾在砖块和砂浆之中看出诗意？你是图书管理员吗？经过辛勤劳动，在整理书籍的缝隙，是否感觉到自己已经取得了一些进步？你是学校的老师吗？是否对按部就班的教学工作感到厌倦？也许一见到自己的学生，你就变得非常有耐心，所有的烦恼都抛到九霄云外了。

如果只从他人的眼光看待我们的工作，或者仅用世俗的标准来衡量我们的工作，工作或许是毫无生气、单调之味的，仿佛没有任何意义，没有任何吸引力和价值可言。这就

好比我们从外面观察一个大教堂的窗户。大教堂的窗户布满了灰尘，非常灰暗，光华已逝，只剩下单调和破败的感觉。但是，一旦我们跨过门槛，走进教堂，立刻可以看见绚烂的色彩、清晰的线条。阳光穿过窗户在奔腾跳跃，形成了一幅幅美丽的图画。

由此，我们可以得到这样的启示：人们看待问题的方法是有局限的，我们必须从内部去观察才能看到事物真正的本质。有些工作只从表象看也许索然无味，只有深入其中，才可能认识到其意义所在。因此，无论幸运与否，每个人都必须从工作本身去理解才能保持个性的独立。

东芝公司不仅生产出具有竞争力和吸引力的产品，在营销方面也花费大量心思，因此才能拥有蓬勃发展的成功事业。

对于企业来说，老板是一个特殊人物，老板的行为往往对员工起表率作用。松下幸之助认为，要提高商业效益，首先老板就要以身作则，起好带头作用。让部下从刚一开始参加工作，就培养敬业的好习惯。

日本企业家土光敏夫认为，老板以身作则的管理制度不仅能为企业带来巨大的经济效益，而且还是企业培养敬业精

第三章 敢于挑战"不可能"

神的最佳途径。

日本东芝电器公司是当今世界上屈指可数的名牌公司之一。但是,二十多年前,东芝电器公司因经营方针出现重大失误,负债累累,濒临倒闭。在这个生死关头,东芝公司把目光盯在了日本石川岛造船厂总经理土光敏夫的身上,希冀能借助土光敏夫的"神力",力挽狂澜,把公司带出死亡的港湾,扬帆远航。

土光敏夫在领导管理方面具有大将风范。早在二战结束时,负债累累、濒于破产的石川岛造船厂毅然挑选了土光敏夫出任总经理。土光敏夫分析了国内外形势,得出了一个结论:困难是暂时的,经济复苏必然会来临,而经济复苏离不开石油,运输石油又离不开油轮,油轮越大则越"经济"。为此,土光敏夫果断决策:组织全体技术人员攻关,建造20万吨巨型油轮。由于从来没建造过这样大的油轮,全厂员工信心不足。土光敏夫不断地与各级管理人员促膝交谈,鼓舞士气。为了集思广益,土光敏夫创办内部刊物《石川岛》,让全厂员工随意发表意见。土光敏夫还建立目标管理制度,

把全体员工的利益、荣辱与造船厂的利益、荣辱紧紧联系在一起，终于造出了20万吨级油轮，使造船厂摆脱了困境。

土光敏夫从一开始就把造船质量放在第一位，1950年，一艘高速巨轮在驶出船坞时撞在了码头上，码头被撞坏，巨轮只有些轻微损伤，经检查后，一切正常。这件事传出后，世界各地的船商都看好石川岛的船，购买新船的订单接连不断，石川岛从此称雄世界，土光敏夫也从此载誉世界。

东芝公司担心的是土光敏夫的事业如旭日东升，他会抛弃一个成功的事业而进入一个负债累累的企业出任"社长"吗？令东芝惊异的是，土光敏夫立即作出响应："没问题！"

土光敏夫就任东芝电器公司董事长所"烧"的第一把"火"是唤起东芝公司全体员工的士气。土光敏夫指出：东芝人才济济，历史悠久，困难是暂时的，曙光即在前面。土光敏夫说："没有沉不了的船，也没有不会倒闭的企业，一切事在人为。"在唤起东芝公司全体员工的信心后，土光敏夫大力提倡毛遂自荐和实行公开招聘制，想方设法把每一个人的潜力都发挥出来。

第三章　敢于挑战"不可能"

有一次，土光敏夫听业务员反映，公司有一笔生意怎么也做不成，主要原因是买方的课长经常外出，多次登门拜访他都扑了空。土光敏夫听到这种情况，沉思了一会儿，然后说："是吗？请不要泄气，待我上门试试。"

这名业务员听到董事长要亲自上门推销，不觉大吃一惊。一是担心董事长不相信自己的真实反映；二是担心董事长亲自上门推销，万一又碰不到那位课长，岂不是太丢一家大公司董事长的脸。那位业务员越想越害怕，急忙劝说："董事长，您不必亲自为这些琐碎小事操心，我多跑几趟总会碰上那位课长的。"但土光敏夫并不考虑那么多，也不顾及什么面子问题，最重要的是能够做成生意就行。

第二天，他真的亲自来到那位课长的办公室。果然，也是未能见到那位课长。事实上，这是土光敏夫预料中的事，但他并没有马上告辞，而是坐在那里等候。等了老半天，那位课长才回来。当他看了土光敏夫的名片后忙不迭地说："对不起，对不起，让您久等了！""贵公司生意兴隆，我应该等候。"土光敏夫毫无不悦之色，相反微笑着说。那位

课长明知自己企业的交易额不算多，只不过几十万日元，而堂堂的东芝公司董事长亲自上门进行洽谈，觉得赏脸，于是很快就谈成了这笔交易。

最后这位课长热切地握着土光敏夫的手说："下次，本公司无论如何一定买东芝的产品，但唯一的条件是董事长不必亲自来。"随同土光敏夫前往洽淡的业务员，目睹此情此景，深受教育。

土光敏夫此举不仅做成了生意，而且以他坦诚的态度赢得了顾客。此外，他的这种耐心而巧妙的营销技术，对企业的广大员工是最好的教育和启迪。东芝公司在土光敏夫的带动下营销活动十分活跃，公司的信誉大增，生意兴隆发达。

土光敏夫认为，以董事长之尊从事推销是理所当然的事，不会因此有失身份。当然，管理者亲躬亲为，只是一种示范行为，并不是每笔交易都需要。

土光敏夫还大力提倡敬业精神，号召全体员工为公司无私奉献。土光敏夫的办公室有一条横幅："每个瞬间，都要集中你的全部力量工作。"土光敏夫以此为座右铭，他每天

第三章 敢于挑战"不可能"

第一个走进办公室,几十年如一日,从未请过假,从未迟到过,一直到八十高龄的时候还与老伴一起住在一间简朴的小木屋中。

土光敏夫有一句名言:"上级全力以赴地工作就是对下级的教育。职工三倍努力,领导就要十倍努力。"

如今,日本东芝电器公司已经跻身于世界著名企业的行列,它与石川岛造船公司同被列入世界100家大企业之中。这与土光敏夫以身作则、身先士卒的管理制度是分不开的。

通过上述案例我们看出,在我们的工作中,很多事情都需要有足够的耐心才能做好。如果我们有足够的耐心,我们就很少会有做不好的工作。

把一切做得完美

做事一丝不苟，意味着对待小事和对待大事一样谨慎。生命中的许多小事中都蕴含着令人不容忽视的道理，很少人能真正体会到。那种认为小事可以被忽略、置之不理的想法，正是我们做事不能善始善终的根源，它导致工作不完美，生活不快乐。

"不积硅步，无以至千里；不积小溪，无以成江河。"生命中的大事皆由小事累积而成，没有小事的累积，也就成就不了大事。人们只有了解到了这一点，才会开始关注那些以往认为无关紧要的小事，培养做事一丝不苟的美德，成为

第三章 敢于挑战"不可能"

深具影响力的人。是否具备这项美德,足以让人的命运有天壤之别。

每一位老板都知道这项美德多么少见,找到愿意为工作尽心尽力、一丝不苟的员工,是多么困难的一件事。不良的作风在公司四处蔓延,而无论大事、小事都尽心尽力、善始善终的员工却是罕见。

尽管我们进行了多次社会改革,但思虑欠周、漫不经心、懒惰成性等习以为常的恶习依然泛滥成灾。在庞大的失业和无队伍中,有相当多的人或多或少沾染上了这些毛病。他们如果不能意识到自己的不足之处,并且努力加以改正的话,那么往往无法得到一份令人满意的工作。

"适者生存"的法则并不是仅仅建立在残酷的优胜劣汰的基础上,而是基于公平正义,是绝对公平原则的一部分。若非如此,社会美德如何能发扬光大?社会又如何能取得进步?那些思虑不周与懒惰的人同那些思虑缜密、勤奋的人相比,有天壤之别,根本无法并驾齐驱。

一位朋友告诉我,他的父亲告诫每个孩子:"无论未来从事何种工作,一定要全力以赴、一丝不苟。能做到这一点,就不会为自己的前途操心。世界上到处是散漫粗心的

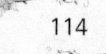

人，那些善始善终者始终是供不应求的。"

我认识许多老板，他们多年来费尽心机地寻找能够胜任工作的人。这些老板所从事的业务并不需要出众的技巧，而是需要谨慎、朝气蓬勃与负责地工作。他们聘请了一个又一个员工，却因为粗心、懒惰、能力不足、没有做好分内之事而频繁遭遇解雇。与此同时，社会上众多失业者却在抱怨现行的法律、社会福利和命运对自己的不公。

许多人无法培养一丝不苟的工作作风，原因在于贪图享受，好逸恶劳，背弃了将本职工作做得完美无缺的原则。

不久以前，我观察到一位努力恳求、终获高薪要职的女性，他才上任短短几天，便开始高谈想去"愉快地旅行"。月底时，他便因玩忽职守而遭解雇。

正如两种事物无法在同一时间占据同一位置一样，被享受占据的头脑是无法专心求取工作的完美表现的。享乐应有适当的地点与时间，在应该全身心工作的时候，心中就不应该想到享乐这回事。那些一面工作、一面对个人的享乐津津乐道的人，只会将工作搞砸。

超越平庸，选择完美。这应该成为每个人一生的追求，在我们人类的历史上，曾经因为疏忽、畏惧、敷衍、偷懒、

第三章　敢于挑战"不可能"

轻率等造成数不清的悲剧。而这些悲剧是完全可以避免的。

在宾夕法尼亚的一个小镇上，因为筑堤没有按设计图纸去筑石基，结果导致堤决堤，全镇被水淹没，无数人被淹死。这种由于工作疏忽引起的悲剧，几乎在世界的每个角落都有发生。任何地方，都有人因为疏忽、敷衍、偷懒而犯下错误，如果这些人讲良心做事，不被那一点儿困难吓倒，不但可以减少惨祸，更能培养一个人高尚的人格。

人一旦养成了敷衍了事的习惯后，往往就会变得不诚实起来。这样的人，一定会轻视他的工作，进而轻视自己的人品。有人曾说："轻率和疏忽会让无数人的命运走向失败。"

的确，许多年轻人之所以失败，原因就是办事轻率。他们做任何事情都不会要求自己做得尽善尽美。

许多年轻人，似乎根本不知道职位的晋升是建立在忠实完成工作职责的基础上的。事实上，如果你不尽职尽责地完成你的工作，你在老板眼里是永远不会获得价值的提升的。

但与此相反的是，很多年轻人在求职时常这样问自己："做这样平凡的工作，会有什么发展前途呢？"但是，巨大的机会往往蕴藏在平凡而低微的职业中。

每当工作完成之后，你应该这样告诉自己："我热爱我

的工作，我已全力以赴地做了我的工作，我期待任何人对我进行批评。"一个人成功与否在于他是否做什么都力求做到最好。

　　成功者无论从事什么工作，他都绝对不会轻率疏忽。因此，在工作中你应该以最高的规格要求自己。能做到最好，就必须做到最好，能完成100%，就绝不只做99%。这种工作作风应该与你的工资毫无关系，因为任何一个从事工作的人都应该把自己视为一位艺术家而不是工匠，应该永远抱着热情与信心去工作。

　　只要你把工作做得比别人更完美、更快、更准确、更专注，动用你的全部智能，就能引起他人的关注，实现你心中的愿望。

第四章 获胜才是硬道理

第四章　获胜才是硬道理

获胜才是硬道理

任何的困难与挫折或者是不幸的发生,都不是你需要重视的重点。你需要重视的是你应该如何看待它。如果你将它视作不可战胜的,那么它将变得无法逾越;如果你视它为无物,它将变得无足轻重,甚至还会成为磨炼你意志的一次机遇。

只有获胜,才能赢得生存所需的资源;只有持续获胜,才能得到拓宽并发展自己的空间和领地,才能从竞争的包围圈中脱颖而出。

正如比尔·盖茨所说的:"这个世界不会在乎你的自尊,这个世界期望你先做出成绩,再去强调自己的感受。"

中国改革开放的总设计师邓小平曾有句名言："不管白猫还是黑猫，只要能抓到老鼠就是好猫。"在现代市场经济中，任何个人、企业、团队在市场竞争中如果没能获胜或保持领先优势，要想实现基业常青或获得成功那是不可能的，而其最终的结果自然是被市场和社会淘汰。那么存在的意义，也就无从谈起！

以美国硅谷为例，在这块弹丸之地分布着数千家科技公司，均从事IT技术的研发、生产和销售，竞争异常激烈。不仅于此，每年还有数百家新公司诞生，与此同时又有几百家公司如过眼烟云般消逝。正是这种残酷无情的竞争环境，逼迫硅谷人不断拼搏、不断奋进、不断创新，从而使一些极具竞争意识和竞争优势的企业快速崛起，并推动了IT产业的迅猛发展。

可以说一场无法获胜的战役，一次无法胜出的比赛，一项不能获得利润的投资，不仅是一次蹩脚的做秀和消耗体能的运动，而且还可能是一次难以复生、全军覆灭的重创。

只有获胜，才能赢得生存所需的资源；只有持续获胜，才能得到拓宽并发展自己的空间和领地，才能从竞争的包围圈中脱颖而出。一个总是打败仗的团队，它的命运只能是被

第四章 获胜才是硬道理

他人整编、变卖或并购；或者在竞争的挤压下，失去生存空间，破产直至消亡。

如今，百年老店为数不多，而一些存活了两三百年仍保持旺盛生命力，并不断赢得佳绩的企业就更是寥寥无几。大多企业仅是三五年的存活期，随即光华尽失、"香消玉殒"了。

生命力之脆弱，生命周期之短暂，无不令人扼腕痛惜。这些企业的死因或许有多种，但有一点是共同的，那就是都忽视了每一项投资、每一次并购、每一个计划、每一步行动所要达成的结果。许多企业管理者热衷于行动，却无视结果。迷恋于行动的过程，却忽视了结果才是行动的根本。本末倒置，导致无人关心结果，无人对结果负责。

结果是什么？结果是行动的落实、目标的实现、任务的达成，是赢得胜利，取得成功的标志！一次没有结果的行动，是无效的，是没有价值的；而一次与目标结果相反的结果，则是具有破坏性和毁灭性的，会毁掉一个企业！以结果为导向，才能确保每一次任务、每一个行动，都具有实际效用和价值！

有些企业管理者雄心勃勃，制定了一些非常宏伟的战略

计划，却在实际运作中屡屡受挫，不仅战略计划无法实现，员工的自信心大受打击，企业也陷入市场和财务双重窘境，难以自拔。究其原因，就是他们将行动与结果分离，甚至将结果抛至一边，一味地为了行动而行动。

塔费奇公司是美国一家生产精细化工产品的企业，经过五年打拼，逐渐由小到大，发展为年产值为数亿美元的企业。为了快速扩张，该公司在养殖、饲料加工、包装等传统项目上闪电出击，又先后投入巨资在医药、软饮料、房地产等多个经营项目上，跨地区、跨行业收购兼并了十多家经营状况不佳，扭亏无望的企业。由于投资金额巨大，经营项目繁杂，经营管理人才欠缺，塔费奇公司背上了沉重的包袱，从而走上了一条自我毁灭之路。

事实上，无论制订何种发展战略，实施何种管理模式，采用何种先进技术，最重要的是，能产生何种效果，能为企业创造多少利润，能使企业有多大提升。

最近几年来，所有的企业家和管理者都注意到了"执行力"这个问题，并且把"执行力"提升到关系企业生死存亡的高度。那么，执行力到底是什么呢？简单地说，对于员工，执

第四章 获胜才是硬道理

行力就是把想做的事情做成功的能力，也就是事情的结果。

许多人说："结果并不重要，重要的是过程。"这是一种非常不实际的观点，怀着这种所谓的"超然"心态去做事，其结果只能是失败。可以说人们对于成功的定义，见仁见智，而失败却往往只有一种解释，就是一个人没能达到他所设定的目标，而不论这些目标是什么。

在现代社会，这种以结果为导向和评价标准的思维已经成为一种共识。不论你在过程中做得多么出色，如果拿不出令人满意的结果，那么一切都是白费。的确，没有结果的付出只是在做无用功。

竞争就是这么残酷无情，不论你曾经付出了多少心血，做了多少努力，只要你拿不出业绩，那么老板和上司就会觉得他付给你薪水是在浪费金钱。相反，只要你有傲人的业绩，老板们就会重视你、认同你，而不管你的过程是否完美、漂亮。

在今天，你是因为成就而获得报酬，而不是行动的过程；你是因产出而获得报酬，而不是投入或者你工作的钟点数。你的报酬是取决于你在自己的责任领域里所取得成果的质量和数量。

在现今社会只有获胜才是硬道理,才是你挺胸做人,傲视群雄的资本。

"100-1=0"

99％的努力+1％的失误=0％的满意度，也就是说，你纵然付出了99％的努力去服务于客户，去赢得客户的满意，但只要有1％的失误、瑕疵或者不周，就会令客户产生不满，对你的印象大打折扣。

在数学上，"100-1"是等于99，而企业经营上，"100-1"却等于0，不要满足于99％的成功。

一千次决策，有一次失败了，可能让企业垮掉；一千件产品，有一件不合格，可能失去整个市场；一千个员工，有一个背叛公司，可能让公司蒙受无法承受的损失；一千次经

济预测，有一次失误，可能让企业破产……

水温升到99℃，并不是开水，其价值有限。若再添一把火，在99℃的基础上再升高1℃，就会使水沸腾，产生的大量水蒸气就可以用来开动机器，从而获得巨大的经济效益。许多人做到了99%，就差1%，但正是这点细微的区别却使他们在事业上很难取得突破和成功。

也许对企业而言，产品合格率达到99%，失误率仅为1%，质量似乎很不错了，但对每个消费者而言，1%的失误，却意味着100%的不幸！

曾经有一家电热水器生产厂，声称自己的产品质量合格率为99%，各项指标安全可靠，并有双重漏电保护措施，让消费者放心使用。然而一位消费者购买了该厂的电热水器，却不幸摊上了1%的失误。

跟往常一样，他未关电源就开始洗澡，没想到，热水器漏电，而漏电保护装置又失效，以至于他被电流击倒，一条胳膊就废了。按说，带电使用电热水器属于正常操作范围，不应出现这一故障，即便发生漏电，漏电保护装置也会立刻断电，以确保使用者的安全，然而，这家企业满足于99%的合格率，却给那位消费者带来了巨大的伤害。

第四章　获胜才是硬道理

由此不禁令人担心，是不是还会有下一个、再下一个消费者也会摊上这样的不幸呢？如果企业不高度重视这1%的质量失误，不仅消费者的生命安全得不到保障，企业的生存也难以延续下去。试想一下，人们知道后有谁还敢买这样的"危险品"？肯定无人购买，那么公司也无法发展下去，只有关门大吉。

优质的产品，是客户选择你的第一理由，否则，客户根本不可能向你"投怀送抱"，更不可能将其"钱包份额"给你。对此，海尔公司深有体会，并有许多令人称道的做法。

一次，海尔公司副总裁杨绵绵在分厂检查工作，在一台冰箱的抽屉里发现了一根头发。她立即召集相关人员开会，有的人私下议论说一根头发丝不会影响冰箱质量，拿掉就是了，何必小题大做呢？杨绵绵却斩钉截铁地告诉在场的干部和职工："抓质量就是要连一根头发丝也不放过！"

又有一次，一名洗衣机车间的职工在进行"日清"时，发现多了一颗螺丝钉。职工们意识到，这里多了一颗螺丝钉，就有可能哪一台洗衣机少安了一颗，这关系到产品质量和企业信誉。为此，车间职工下班后主动留下，复检了

当日生产的1000多台洗衣机,用了两个多小时,终于查出原因——发货时多放了一颗螺丝钉。

每到节庆日,一位采购人员都会收到与其有业务往来、合作非常愉快的一家公司的贺信,而且每张贺信上都附有该公司的总裁签名。

有一次,他遇到产品上的一个技术性的问题,打电话向那家公司的技术人员咨询,结果电话转来转去,最后总算转到一位技术人员那里,但这位技术员既不热情,也无耐心,让他上公司的网站去查看。就这样,他的问题仍然未得到解答,技术人员就匆匆挂断了电话。

这人极其愤怒,打电话请求前台小姐,帮他把电话转给那位在贺信上签名的公司总裁。前台小姐却说老总很忙,无法接听电话,此时,他已由愤怒、懊恼到对该公司十分失望了。没过多久,这位采购人员便将全部的业务转给那家公司的竞争对手了。

虽然那家公司以往都做得很好,关怀客户方面似乎也做得不错,但它仅是从自身利益和角度考虑问题,并未切实关

第四章　获胜才是硬道理

心客户的需要。当客户请求帮助时，工作人员却态度生硬，推三阻四，没有真心实意替客户排忧解难。结果，服务上的这一纰漏，断送了自己的生意。

千万不要得意于99%的成功，只要你还有1%的失误和不足，你的成功就是不完满、有缺憾的，随时可能被他人替代和颠覆。就像特洛伊战场上的阿喀琉斯，纵然有千钧之力和金刚不破之身，但因脚后跟上那一点小小的"破绽"，便使其横尸疆场，无以复生。

无论是企业还是个人，只满足于99%的成功和优秀，都是骄傲自满、不思进取的表现，不可能有什么大的作为和发展，更不幸的是，当竞争结构发生变化时，他很可能是第一个被市场抛弃、淘汰的人。

其实，做到零缺陷、零失误并不难，只要每个员工时刻保持高度的责任心和敬业精神，把永远不向消费者提供劣质的产品和服务作为企业的道德底线这一思想深植于心，用做人的准则做事，用做事的结果看人，就能赢得客户的满意和回报。

因此，在工作中你应该以最高的标准要求自己。能做到最好，就必须做到最好，能完成100%，就绝不只做99%。只要你

把工作做得比别人更完美、更快、更准确、更专注,动用你的全部心血,就能引起他人的关注,实现你心中的愿望。

第四章 获胜才是硬道理

不要说"不知道"

在工作中,每当事情办砸、任务没有完成的时候,我们听到最多的就是"我不知道""我不知道怎么会这样""我想尽了办法,但不知道怎样才能改善""都是他们出的主意,我不知道他们的初衷"……或许事情确实像你所说的那样,也许你真的是什么都不知道,但是这样的态度却不可原谅,可以说这是典型的不负责任的态度。因为不论是一个什么样的组织机构,彼此之间总会有着某些直接、间接的关系,所以在遇到问题和困难时,我们所应该做的就是要想办法怎样去解决问题,而不是只两手一摊说"我不知道",把

自己撇得干干净净。

麦克是一家家具销售公司的部门经理。有一次，他听到一个秘密消息：公司高层决定安排他们这个部门的人到外地去处理一项非常难缠的业务。他知道这项业务非常棘手，难度非常大，所以便提前一天请了假。第二天，上面安排任务，恰好他不在，便直接把任务交代给他的助手，让他的助手向他转达。当他的助手打他的手机向他汇报这件事情时，他便以自己身体有病为借口，让助手顶替自己前去处理这项事务。同时他也把处理这项事务的具体操作办法在电话中教给了助手。

半个月后，事情办砸了，他怕公司高层追究自己的责任，便以自己已经请假为借口，谎称自己不知道这件事情的具体情况，一切都是助手办理的。他想，助手是总裁安排到自己身边的人，出了事，让他顶着，在公司高层面前还有一个回旋的余地，假若让自己来承担这件事的责任，恐怕有被降职罚薪的危险。但是，纸是包不住火的，当总裁知道事情的真相后，便毫不犹豫地辞退了他。

与之相反，20世纪末，在美国得州的瓦柯镇一个异端宗

第四章 获胜才是硬道理

教的大本营内,发生了邪教徒的父母被杀事件,同时,在这次事件中,还有10名正在查案的联邦调查局的探员也遭到杀害。可以说在当时这是一件震惊美国的大事,也正是因为这次事件,负责该案的美国司法部部长珍纳·李诺在众议院遭到许多议员们的愤怒指责,他们认为她应该为这起惨剧负责。

面对千夫所指,珍纳颤抖地说:"我从没有把他们的死亡合理化。各位议员,这件事带给我的震撼远比你们想象的要强烈得多。的确,他们的死亡,我难辞其咎。不过,最重要的是,各位议员,我不愿意加入互相指责的行列。"很明显,她愿意为这次事件担起所有责任,接受谴责,并愿意去积极想办法来处理好这次事件。同时她的这番话也使众多的议员们为之折服,大众传媒也深受感动,所以也就没有去过多地责难她。

因为她一人担起所有的责任,没有推卸,也使本来会给政府带来灾难性后果的指责声音减弱了。那些本来对政府打击邪教政策抱有怀疑态度的民众,也转变观念,开始支持政府的工作,所以尽管这是一次不幸的事件,却有了一个满意

的处理结果。

面对指责勇于承担责任,显然是处理危机、解决问题的有效途径。现在公司里缺少的正是像珍纳这样高度负责的人,其实老板最赏识的也正是这样的员工。承担起责任来吧,永远不要说你"不知道。"

差之毫厘，谬之千里

承认错误、勇担责任应从小错开始。假如你总是无视小错，而不去关注它、改正它，那么，失败和低水平表现就会变成理所当然的事。

关注小错误是每一个成功者必备的素质。如果你仔细观察就会发现，成功者从来不会因为错误小就放过错误，一律都是认真对待。

现实工作中，有很多年轻人常常好高骛远，不愿意踏踏实实地工作，特别是工作中出现一些小问题、发现了一些小错误从不愿深究，听之任之。他们的论点是：假如我所犯的

错误性质十分严重,该由我承担责任,我一定会承认也愿意承担所有的责任;但如果是芝麻大的一点小错,再去那么认真地计较,难免有点小题大做,根本没有这个必要。其实如果你要是这样看待错误,那就大错特错了。

要知道工作中无小事,更无小错,1%的错误往往会带来100%的失败。

在一次登月行动中,美国的飞船已经到达月球但却无法着陆,而最终以失败告终。事后,科学家们在查找原因时发现,原来只是一节价值仅30美元的电池出了点问题。起飞前,工程人员在做检查时只重点检查了"关键部位"而把它给忽略了。结果,一节30美元的电池却让几十亿美元的投资和科学家们的全部心血都付诸东流,这难道只是小错误吗?

差之毫厘,谬之千里,任何一个小小的错误都有可能引起严重的甚至致命的后果,造成不可挽回的损失。

史蒂芬是位20多岁的美国小伙子,几年前他在一家裁缝店学成出师后便来到得克萨斯州的一个城市开了一家自己的裁缝店。由于他做活认真,并且价格又便宜,很快就声名远扬,许多人慕名而来找他做衣服。有一天,风姿绰约的哈里斯太太让史蒂芬为她做一套晚礼服,然而等史蒂芬做完的时候,却

第四章 获胜才是硬道理

发现袖子比哈里斯太太要求的长了半寸。但哈里斯太太马上就要来取这套晚礼服了，史蒂芬已经来不及修改衣服了。

哈里斯太太来到史蒂芬的店中，她穿上了晚礼服在镜子前照来照去，同时不住地称赞史蒂芬的手艺，于是她按说好的价格付钱给史蒂芬。没想到史蒂芬竟坚决拒绝。哈里斯太太非常纳闷。史蒂芬解释说："太太，我不能收您的钱。因为我把晚礼服的袖子做长了半寸。为此我很抱歉。如果您能再给我一点时间，我非常愿意把它修改到您需求的尺寸。"

听了史蒂芬的话后，哈里斯太太一再表示她对晚礼服很满意，她不介意那半寸。但不管哈里斯太太怎么说，史蒂芬无论如何也不肯收她的钱，最后哈里斯太太只好让步。

在去参加晚会的路上，哈里斯太太对丈夫说："史蒂芬以后一定会出名的，他勇于承认错误、承担责任以及一丝不苟的工作态度让我震惊。"

哈里斯太太的话一点也没错。后来，史蒂芬果然成为了一位世界闻名的服装设计大师。

所以，大错是错，小错也是错。如果觉得小错无关紧要，不去及时地加以改正，却要等小错变成大错时，那么就

已经悔之晚矣了。有小错的时候,我们应该早发现,早承认,早改正,只有这样,我们才能在成功的路上稳步前进,我们也才能飞得更高。

第四章　获胜才是硬道理

以成败论英雄

市场竞争是残酷的，商场如战场。如果你失败了，哪怕你以前付出再多，那都没有任何的意义，只有成功了，你才会有鲜花和掌声，你才是英雄。

在商业社会里，企业的生存是以盈利为目的的，所以谁能够给公司带来最大的利润，谁就是公司的英雄，因此我们就要以成败论英雄。所以，我今天要说的是："要以成败论英雄！"

沃尔玛是世界上最大的零售品销售商，但在中国甚至亚洲市场上，他们的风头却完全被法国的家乐福盖过了。这

是因为家乐福在亚洲市场上采取了不同的经营策略。而沃尔玛则还是坚持在欧美时常用的经营策略，采用统一模式。所以家乐福已经融入了亚洲各地的文化之中；而沃尔玛则坚持自己的固有模式，用经营欧美市场的思维方式去开拓亚洲市场。

人们常说，"生活就是一场没有硝烟的战争"。与其说我们生活在一个生机勃勃的时代，不如说我们处在一个生存的时代、淘汰的时代。在淘汰中求生存，在竞争中求发展，无论对个人还是对企业团队来说，都是如此。

虽然淘汰充满着残酷和无情，但我们却不能否认，正是残酷的淘汰促进了社会的进步。任何一个企业，要保持活力，要保证不落后，就必须不停地淘汰不适合自身发展的各种落后因素：落后的管理理念、落后的经营政策、落后的产品、落后的服务、落后的用人体制以及不适合的员工。只有不断地淘汰落后的、不适合的，才能持续保持先进的、适合的，才能生存下去，才能不断地发展。

日本一家著名家电企业曾扬言：只要韩国家电市场一对外放开，用不了半年时间，就会让韩国家电企业全部倒闭。由于意识到竞争的压力，韩国家电企业纷纷走上了改革创新

第四章　获胜才是硬道理

之路，淘汰落后的观念，淘汰落后的产品。正是由于他们的这种自我淘汰的意识和行为，若干年以后，他们非但没有全部倒闭，反而在国际市场上对日本家电企业构成了越来越大的威胁。

"绝对不能被淘汰"强调的是结果，"活着"才是硬道理！生存就是竞争，即使再努力、再敬业，输给了对手，只能被淘汰，在绝对竞争的环境中，最后的胜利者就是最好的适应者。我们必须适应竞争，适应工作，适应老板，适应自己。

人们常说，"生活就是一场没有硝烟的战争"，为什么大家都用这样毫无诗意的语言去形容本该充满诗意的生活？正视现实吧，与其说我们生活在一个生机勃勃的时代，不如说我们正处在一个生存的时代，淘汰的时代。在淘汰中求生存，在竞争中求发展，无论对个人还是对企业团队来说，都是如此。

成功，是每个人的渴望。但首先摆在我们面前的最大的问题是：要么生存，要么被淘汰！

在辽阔的草原上，每天当第一缕阳光出现，狮子和羚羊就开始进行赛跑，狮子发誓要追上羚羊，因为追上羚羊，它就可以把它们当做自己的食物。而羚羊一定要跑得比狮子

快，否则就会成为狮子的美餐。羚羊之间也在进行着残酷的竞争，跑得最慢的羚羊成为了狮子的食物，而其他羚羊就会暂时幸免于难。这就是动物界之间的残酷竞争。

有道是："光有疲劳和苦劳，没有功劳也白劳。"没有成功，没有胜出，你只能称其为在运动，在消耗体能，而只有取得了成功你才是英雄。

同样，在商业社会里，无论你曾经下了多大功夫，做了多少努力，花费了多少心血，只要你在某一个环节上出了差错，你就要为此付出代价，倘若是在关键环节上出现闪失，则会功亏一篑，横遭致命的一击！

2004年6月，杰克·韦尔奇在中国企业领袖高峰论坛上，被一位企业高层管理者问及："您在任CEO时，与美国思科、微软、戴尔等公司CEO们相比有何不同？"韦尔奇先生有一段精彩的回答："找不到很特定的差异点，你提到的这些公司都是希望在市场上胜出的，而且他们都获得了巨大成功，他们每个CEO都希望他们的员工胜出，所有的员工从某种意义上来说也取得很大的成功。尽管我们每一位CEO都有不同的风格、不同的方法和不同的手段，但大家的目标是一

第四章　获胜才是硬道理

致的，就是要胜利，所以最好的事情就是胜利！"

　　而职场犹如战场，在与狼共舞、与虎相争的市场经济大潮中，公司作为竞争的实体，它的存在就是为了最大化地获取利润，就是为了基业常青。不管你在企业竞争过程中有过多么出色的表现，出过多么大的力气，只有在竞争中打败了对手，取得最大、最终的胜利，企业才是英雄，你也才是英雄，才是企业最终的功臣。

敬业

记住,这是你的工作!

既然你选择了这个职业,选择了这个岗位,就必须接受它的全部,而不是仅仅只享受它给你带来的益处和快乐。就算是屈辱和责骂,那也是这个工作的一部分。如果说一个清洁工人不能忍受垃圾的气味,他能成为一个合格的清洁工吗?因为既然你选择了这个职业,选择了这个岗位,就必须接受它的全部,而不是只享受它带给你的益处和快乐。就算是屈辱和责骂,只要是这个工作的一部分,你也得接受。

其实每个人一生下来都会有一份责任,而不同时期责任

第四章 获胜才是硬道理

却不一样,在家里你要对家人负责,工作中你就要对工作负责。

也正因为存在这样、那样的责任,我们才会对自己的行为有所约束。遇到问题便找寻各种借口将本应由你承担的责任转嫁给社会或他人,那是极为不负责任的表现。更为糟糕的是,一旦养成这样的习惯,那你的责任心将会随之烟消云散,而一个没有责任心的人,是很难取得什么成功的。

其实,负责任也是相对应的,特别是工作中,如果你对你的工作不负责任,那最终也就是对你的薪水和前途不负责任。可以说工作中并没有绝对无法完成的事情,只要你相信自己比别的员工更出色,你就一定能够承担起任何正常职业生涯中的责任。只要你不把借口摆在面前,就能做好一切,就完全能够做到对工作尽职尽责。

"记住,这是你的工作!"这是每位员工必须牢记的!

美国独立企业联盟主席杰克·法里斯年少时曾在父亲的加油站从事汽车清洗和打蜡工作,工作期间他曾碰到过一位难缠的老太太。每次当法里斯给她把车弄好时,她都要再仔细检查一遍,让法里斯重新打扫,直到清除每一点儿棉绒和灰尘,她才满意。

后来法里斯受不了了，便去跟他父亲说了这件事，而他的父亲告诫他说："孩子，记住，这是你的工作！不管顾客说什么或做什么，你都要记住做好你的工作，并以应有的礼貌去对待顾客。"

因为既然你选择了这个职业，选择了这个岗位，就必须接受它的全部，而不是只享受它带给你的益处和快乐。就算是屈辱和责骂，只要是这个工作的一部分，你也得接受。

查姆斯在担任国家收银机公司销售经理期间，该公司的财政发生了困难。这件事被驻外负责推销的销售人员知道了，工作热情大打折扣，销售量开始下滑。到后来，销售部门不得不召集全美各地的销售人员开一次大会。查姆斯亲自主持会议。

首先是由各位销售人员发言，似乎每个人都有一段最令人同情的悲惨故事要向大家倾诉：商业不景气，资金短缺，人们都希望等到总统大选揭晓以后再买东西等。

当第五个销售员开始列举使他无法完成销售配额的种种困难时，查姆斯再也坐不住了，他突然跳到了会议桌上，高举双手，要求大家肃静。然后他说："停止，我命令大会停

第四章　获胜才是硬道理

止十分钟,让我把我的皮鞋擦亮。"

然后,他叫来坐在附近的一名黑人小工,让他把擦鞋工具箱拿来,并要求这位工友把他的皮鞋擦亮,而他就站在桌子上不动。

在场的销售员都惊呆了。人们开始窃窃私语,觉得查姆斯简直是疯了。

皮鞋擦亮以后,查姆斯站在桌子上开始了他的演讲。他说:"我希望你们每个人,好好看看这位小工友,他拥有在我们整个工厂和办公室内擦鞋的特权。他的前任是位白人小男孩,年纪比他大得多。尽管公司每周补助他5美元,而且工厂内有数千名员工都可以作为他的顾客,但他仍然无法从这个公司赚取足以维持他生活的费用。"

"而这位黑人小工友他不仅不需要公司补贴薪水,而且每周还可以存下一点钱来,可以说他和他的前任的工作环境完全相同,在同一家工厂内,工作的对象也完全一样。"

"现在我问诸位一个问题:那个白人小男孩拉不到更多的生意,是谁的错?是他的错还是顾客的错?"

那些推销员们不约而同地说:"当然是那个小男孩的错。"

"是的,确实如此,"查姆斯接着说,"现在我要告诉你们的是,你们现在推销的收银机和去年的完全相同,同样的地区、同样的对象以及同样的商业条件。但是,你们的销售业绩却大不如去年。这是谁的错?是你们的错,还是顾客的错?"

同样又传来如雷般的回答:"当然,是我们的错。"

"我很高兴,你们能坦率承认自己的错误。"查姆斯继续说,"我现在要告诉你们,你们的错误就在于:你们听到了有关公司财务陷入危机的传说,这影响了你们的工作热情,因此你们就不像以前那般努力了。只要你们回到自己的销售地区,并保证在以后30天之内,每人卖出5台收银机,那么,本公司就不会再发生什么财务危机了。请记住你们的工作是什么,你们愿意这样去做吗?"

下边的人异口同声地回答:"愿意!"

后来他们果然办到了。那些被推销员们强调的种种借口:商业不景气,资金短缺,人们都希望等到总统大选揭晓后再买东西等,仿佛根本不存在似的,统统消失了。

第四章 获胜才是硬道理

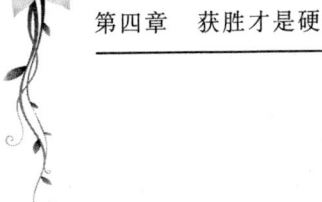

工作中不要求自己尽职尽责的员工，永远算不上是个好员工。

假如说一个清洁工人不能忍受垃圾的气味，那他怎么能成为一个合格的清洁工呢？

假如说一名车床工人时常抱怨机器的轰鸣，那他还会成为优秀的技工吗？

记住，这是你的工作！

然而在企业中我们却常常见到这样的员工：他们总是想着过一天算一天，不断抱怨自己的环境，责任心可有可无，做事情能省力就省力，遇到困难时就强调这样或那样的借口。

可以说一名优秀的员工是不会在工作中找借口的，他会牢记自己的工作使命，努力把本职工作变成一种艺术，在工作中超越雇佣关系，怀着一颗感恩的心，肩负起团队的责任和使命。严格要求自己，勇敢地担负起属于自己的那份责任，全力以赴，做到最好。

第五章　**勇敢实践**

第五章　勇敢实践

在工作中注入勇气

维特根斯坦说："勇气是通往天堂之途，懦弱往往叩开地狱之门。"懦弱是人性中勇敢品质的"腐蚀剂"，时时威胁着我们的心灵。只有在生命中注入勇气，才能帮助你斩断前进途中缠绕在腿脚上的蔓草和荆棘。

当你开始一天的工作时，你将如何面对这个世界呢？你是否带着人们思想中最重要的一种因素——勇气上路呢？

一个永不丧失勇气的人是永远不会被打败的。就像弥尔顿说的："即使土地丧失了，那有什么关系？即使所有的东西都丧失了，但不可被征服的志愿和勇气是永远不会屈服的。"

勇气这种滋补剂是世界上最好的精神药物。如果你以一种充满希望、充满自信的状态进行工作的话，如果你期待着自己的事业，并且你相信你能够成就一番伟业的话，如果你能展现出自己的勇气的话——任何事情都不能阻挡你向前进。你可能遇到的任何失败，都只是暂时性的，你必定会取得胜利。

约翰·穆勒说："除了恐惧本身之外，没有什么好害怕的。""如果你是懦夫，那你就是自己最大的敌人；如果你是勇士，那你就是自己最好的朋友。"美国最伟大的推销员弗兰克也如是说。

那么，什么是勇气呢？它是产生于人的意识深处的对自我力量的确信，是对我们的能力能压倒一切的信念，是相信自己可以面对一切紧急状况、处理一切障碍，并能控制任何局面的信心，是穿越重重险阻，历经磨难走向成功的意志。

"勇气是在偶然的机会中激发出来的。"莎士比亚说。除非你让自己时刻保持一种接受勇气的态度，否则，你不要指望自己的身上会时时刻刻体现出巨大的勇气。在就寝前的每个夜晚，在起床时的每个清晨，你都要对自己说："我会做到的，我能行。"并以此作为自己坚定的信条，然后带着

第五章　勇敢实践

自信勇敢地前进，相信任何事情都不会拒绝你的。

"我曾经是个战斗者——进行了很多的战斗——成为最好的一个和最后的一个！"勃朗宁说。值得一读的人类历史更是充满了有关勇气、磨难、胆量、坚定和那些大多数人认为不可能克服的困难的故事。引领着这个世界的大多数领导者都曾经做过或者正在做着一些在常人看来不可能的、不能成就的事情。这就是他们会成为真正的领导者的原因。

你能够克服多少困难、多少侮辱、多少误解和多少诽谤呢？别人的反对意见是否让你退缩，或者只是使你更坚强，支撑起你的决心呢？你可以毫不退缩地坚持到一种什么样的程度呢？这就是衡量你所能达到的成功水平的考验。即使所有的人都反对你，你也可以继续战斗；即使你生活在最黑暗的日子里，你也可以让勇气的大旗继续迎风飘扬。没有任何敌人能够打败你。

如果你有一个不可战胜的灵魂，那么无论在你身上发生什么事，都无法影响到你。当你意识到自己从伟大的造物主那里获得源源不断的能量时，能真正影响到你的事情根本没几件。因为，无论什么事情降临在你身上，你都可以保持住你内心的平静。

勇气这一滋补剂也会来自潜意识里对自己的肯定。如果我们能意识到自己是某个行业的专业人士，并且可以比周围的人更好地完成所担任的工作，那么我们就会极大地增强自己的勇气。

意识到我们自身存在着的巨大潜力，会大大地增加我们的勇气，就好像低人一等的感觉会加深我们的羞怯一样。满怀信心地去依靠这种带有神秘色彩的人类潜能，无疑会给我们带来自信，带来克服所有恐惧的信心。

充满勇气，你就能比你想象的做得更多更好。在勇于挑战困难的过程中，你就能使自己的平淡生活变成激动人心的探险经历，这种经历会不断地向你提出高标准，不断地奖赏你，也会不断地使你恢复活力和满怀创造力。

第五章　勇敢实践

勇敢实践

留有余地还是全力以赴？这是两种不同的处世态度，猛然看去似乎都有道理，事实上要分场合分事情。对于梦想，只需懂得这两句词就够了"把握生命中的每一分钟，全力以赴我们心中的梦，不经历风雨，怎么见彩虹，没有人能随随便便成功……"

想到没做到，学到没用到，这就好比点了菜却没能吃到嘴里一样让人郁闷。

对一个人来说，过去和现在都不是最重要的，将来想获得什么成就才是最重要的，一旦有了人生目标，就要全力以

赴地去努力，去实践，去实现。人生的乐趣就在于这全力以赴的奋斗过程之中。

有一句俗话说："粉笔墙上画牡丹，见者容易做者难。"意思是指那些没有经验者看到有经验者做起来很容易的事，一旦到了自己手里就不是那么回事了。这说明了经验的重要性。

那么，经验是从哪里来的呢？

经验从实践中来。

创意在你的头脑中的时候，它并没有实质性的难关，因为纸上谈兵往往是容易的。在具体操作的时候，意想不到的困难往往会出其不意地冒出来，这些困难很像一棵大树的枝干，有的直达树顶，那是成功的实践；而有的则在半路上冒了个枝杈出来，看起来似乎偏离了主题，但由此产生了一个旁枝，并且同样枝繁叶茂，这就是人们常说的"意外的收获"。当你将实践进行彻底以后，你就得到了一棵完整的大树。

如果你在困难面前望而却步，你就只能对着自己脑袋里的蓝图叹息了，叹息光阴的流逝，叹息岁月无情，叹息自己一事无成。如果你选择了勇敢去坚持，把实践进行到底的话，那么你不但不会暗自叹息，还会有不少的收获。

第五章　勇敢实践

实践之所以是检验真理的唯一标准，是由真理的本性和实践的特点决定的。真理之所以成为真理，不是经口头上说了就成为真理，而是经过不断的实践过程中总结论证而得出的结论。要将你的理想拿到实践中来检验，才会看到它的价值，而实践除了带给你经验以外，还能教会你更多的东西，正所谓"踏破铁鞋无觅处，得来全不费工夫"。

从真理的本性看，真理是人们对客观事物及其规律的正确反映，是同客观实际相符合的主观认识。检验真理就是要判明主观认识是否同客观实际相符合、相一致。这只停留在主观认识范围内是无法解决的。只停留在客观实际范围内也不行，要检验真理就必须把主观认识与客观实际联系起来加以对照。从实践的特点看，实践是主观见之于客观的物质性活动，具有直接现实性，一方面，实践是人们有意识、有目的活动，实践活动中包含着主观因素。

当你要实现你的某个目标时，先把眼前的事做好，大事业在成功之前，无一例外不是首先解决好眼前的小事情。当你有时彻底解决了一个问题，可以引出意外的结果。

华特·克莱斯先生买了一部新车，这部新车花了他一生的积蓄，当然，他认为这很值，因为他想要从事汽车制造，

他买这部车是为了弄清楚汽车的构造与性能。于是，他把车拆开，再重新组合起来，耗费了他很多时间。他的举动让家人和朋友大为不解，认为他的心理一定出了问题。可是，克莱斯先生心中有明确的目标，他丝毫不理会那些怀疑的眼光和嘲笑，一心一意地坚持到底。最后，华特·克莱斯先生终于在汽车行业赢得一席之地。

实践是亲身体会和研究的过程，一个军官没有实践经验，就是纸上谈兵；一个演员不去生活中体验角色，就很难把角色演绎的传神，甚至会闹出四不像的笑话。在达成人生目标的过程中，你只有两个选择，一个是奋力朝目标迈进，另一个是随波逐流，和自己的目标愈行愈远。想离目标越来越近就必须要去努力、去实践，去争取。

实践，不仅仅是用脚，也要用脑、用心。

不管你有多么美妙的理想和渴望，你又多么有能力，如果不赶快行动，凭实力说话，那么也不可能成功。

真正的成功者，是从实践行动中让人见识他的不同凡响，抓住机遇主动争取。如果只是充满遐想，没有具体行动，那么终将碌碌无为，平庸一生。

第五章　勇敢实践

有勇有谋

谋略如舟，勇气如桨，协同合作方能一帆风顺。

勇的意思是有所必为。莽莽撞撞不谋而后行，轰轰烈烈不审时度势，为了天下第一的虚名而主动投怀送抱空洒热血，匹夫也。谋的意思是有所不为。这是一个非常必要的习惯。

压力越来越大的人们，徒烦恼和徒伤悲于事无弥补，只会耗费生命，一错再错。如何更策略地，更有效地利用自己的智慧和胆识，才是我们当前需要去思考的问题，也是适应性生存的必要手段之一。

欲成就一番事业，非大智大勇之人不可。每一位成功者

走自己的路，一切皆有可能

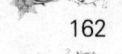

在关键的时刻，都是挺身而出，毫不退缩。相信自己已有的能力，自信面对突发性考验，冷静果断，方能徐徐前行。让我们看看曾任微软公司中国区总经理的吴士宏女士是怎样成功的，下面是她的自我描述：

我鼓足勇气，穿过那威严的转门，走进了世界最大的信息产业中IBM公司的北京办事处。面试像一面筛子，两轮的笔试和一次口述，我都顺利地滤过了稠密的网眼。最后主考官问我会不会打字，我条件反射地说：会！

"那么你一分钟能打多少？"

"您的要求是多少？"

主考官说了一个标准，我马上承诺说我可以。因为我环视四周，发觉考场里没有一台打字机，主考官说录取时再加试打字。

实际上我从未摸过打字机。面试结束后，我飞也似的跑去向朋友借了170元买了一台打字机，没日没夜地练了一个星期，双手疲乏得吃饭时连筷子都拿不住，但我却练出了专业打字员的水平。我就这样成了这家世界著名企业的一名普通的员工……吴士宏现在成功了，可倘若没有她当初不服输的

第五章　勇敢实践

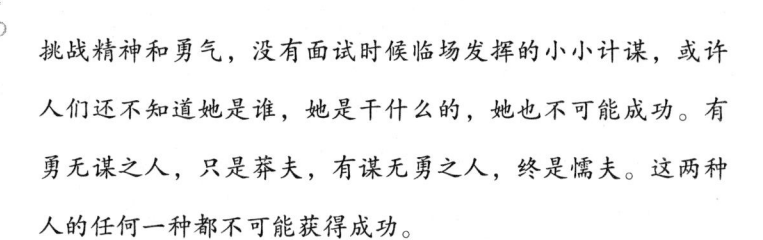

挑战精神和勇气，没有面试时候临场发挥的小小计谋，或许人们还不知道她是谁，她是干什么的，她也不可能成功。有勇无谋之人，只是莽夫，有谋无勇之人，终是懦夫。这两种人的任何一种都不可能获得成功。

谋略如舟，勇气如桨，协同合作方能一帆风顺。这个道理自古皆有。

西楚霸王在风云变幻的时代成就了一番霸业，却终究自刎于乌江之畔，留下一段凄美悲壮的历史供后人评说。即使是现在看来，后人对他失败的原因仍旧众说纷纭，说得最多的是说他仅有匹夫之勇，有勇而无谋。

我们应该怎样看待项羽的"勇"与"谋"呢？其实西楚霸王有勇的一面，但他的勇实在有太多儒家的仁义道德制约，使他只能成为一个"仁义"的霸主。儒家思想在项王的时代虽然没有取得独尊的地位，但是孔孟之道实际上影响是极其深远的，尤其是战国的长久战争给人们带来太多的痛苦，在许多人的意识里太渴望一个能够推行仁治的君主了，因而在项王的意识里，其实也有这种类似的思想，使得他作为一代枭雄而言过于仁慈了，但是这是十分危险的。

因为古往今来，成大事的人大多"心狠手辣""无毒不

丈夫",刘邦做到了这点。

项羽以烹刘邦的父亲来威胁刘邦的时候,也算有"谋",但是就因为刘邦说我们约为兄弟,我的父亲就是你的父亲这句话,使项羽放弃这个办法。其实是因为项羽内心里有了这种孝的观念,他做不出弑"父"的行为。而刘邦真实利用了这一点,在这个问题上刘邦的"谋"更胜于项羽,所以说,有"谋"还必有贯彻的"勇",谋略才能发挥作用。

我们不是教人都要学会诈,学会冷血,而是想告诉大家,有时候,成功需要的不是自己想的那么单纯,在特定的时期下有勇有谋之人还要有一颗承担得起的心才行。

欲赢得天下,得先有赢人之心。而欲有赢人之心者,又必是智勇双全之人。

第五章　勇敢实践

勇敢是每个优秀员工必备的品质

在优秀员工看来，具有勇敢品质的员工在集体利益与个人利益相冲突时，能维护集体利益，表现出无私精神；在正义与邪恶相斗争时，能挺身而出，维护正义，表现出大无畏的气概；在他人遇到困难时，能见义勇为，乐于助人，表现出崇高的道德感情。他们的勇敢不同于鲁莽、粗暴、出风头，往往表现出机智、灵活、沉着、冷静，行为动作具有明确的目的性，并且雷厉风行，说干就干。

西点军校的许多学员都曾表示，在学习过程中的最大收获就是摆脱了懦弱，获得了自信，自己变得比以前更勇敢了。

在西点军校，教官会经常为一些新学员的懦弱、墨守成规甚至自暴自弃而焦急苦恼。不思进取、成绩落后、缺乏创新、优柔寡断等特征是这些学员的表现。这与迅猛发展、竞争日益激烈的时代特征是不相吻合的。这些西点学员都缺乏"勇敢"这一良好个性品质，是其根本原因所在。在西点教官看来，缺乏勇敢品质的学员，在交往上，服从需要性强，孤僻拘谨，沉默寡言，往往屈从于别人的意志；活动上，不敢出头露面，积极参与，情绪低落，往往缩手缩脚；学习上，不敢奋力进取，力争上游，往往消极应付，容易满足。时间一久，这些表现在各种情境下不断出现，并逐渐地得以固化，使相应的行为方式习惯化，就形成了懦弱、缺乏勇气，思维封闭的性格特征。一旦这种性格形成，必将影响学员的健康成长。因此，西点军校就对此现象非常重视，就把培养新学员的勇敢品质列为了22条军规之一。

新学员初到西点军校，从一个未经世面的人，经过西点的培养，后来变成敢做敢为敢于成功的人，因为拥有勇气而产生的这一巨大转变，是与西点的教育密切相关的。在西点看来，勇敢是人具有胆量的一种心理品质。正如歌德所

第五章　勇敢实践

言："你若失去了财产——你只失去了一点；你若失去了荣誉——你丢掉了许多；你若失去了勇敢——你就把一切都失掉了。"勇敢作为一种宝贵的人格品质，对于人的一生非常重要，只有勇敢的人才有可能取得成功。具有勇敢品质的人，一般都有如下特征：

1.开朗直率，敢说敢做

勇敢的人能与人正常交往，没有任何的心理障碍，做事情不优柔寡断、瞻前顾后；学习工作的效率较高；在别人面前，敢于发表自己的观点，受同龄人敬佩。乐于助人，在他人遇到困难时，能见义勇为，表现出崇高的道德感情。他们的勇敢不同于鲁莽、粗暴、出风头，往往表现出机智、灵活、沉着、冷静，行为动作具有明确的目的性，并且雷厉风行，说干就干。

2.意志坚强，勇于进取

勇敢的人在困难面前，比一般的人显得顽强得多。有个西点学员曾经在日记中写道："摔倒了并不可怕，可怕的是摔倒后不能爬起来；惊涛骇浪不可怕，可怕的是在惊涛骇浪面前失去了镇定。要知道，在希望与失望的决斗中，如果你用勇气去面对挑战，那么胜利必属于希望。"这是一位西点

军校的学员小时候写的，可以看出他在学习、生活的困难面前所表现出的顽强勇气。

3.富于激情，敢于创新

具有勇敢品质的人，往往不满足于已有的知识、成绩、现状，不墨守成规；他们的思维总是处于兴奋、活跃状态，善于抓住新的知识，归纳出自己独特的见解。

要向西点学员学习，作为未来世界的主人，就需要具有勇者的气质，敢于面对一切强手，具有无所畏惧不屈不挠的心理素质和竞技状态。

胜利只属于那些意志坚定、永不动摇的人们！

现在，许多大公司的人力资源部流行组织员工参加"拓展训练""定向运动""野战军事训练营"，这些团队建设的培训项目，其实就是模拟西点军校的"野兽营"，为了培养员工挑战极限的信仰与勇气、克服困难的激情与毅力、不屈不挠的斗志、善于合作的团队精神、服从大局的责任感和牺牲精神、面对不确定因素的心理承受能力和应变能力。

第五章　勇敢实践

只要勇敢就不恐惧

西点军校通过一系列军事训练、体育活动，包括冒险的"生存滑降"等，不断激发学员的内在勇敢，使他们能够在战争需要的紧急关头无所畏惧地冲上去。同时，在文化教育过程中，西点着重智力开发、思维训练，不断提高学员认识问题的层次；使他们在有胆中有识，在有识中增胆。

在西点学员训练营，每一项管理技能都是逐渐学会的，包括克服恐惧。他们经常进行信心训练课程，虽然只是训练，但其强度之大，以至于和平时期的西点学员无意识地就变成了老兵。

这些训练除了能让学员重拾信心以外，西点还确保不让学员们失望。学员们知道他们在战斗中会得以各种物质支持。虽然弹药、食品和水很快就会被消耗殆尽，但是大型运输机和直升机很快就会向他们重新提供。

西点的高度临战状态也培养了他们不畏惧困难的勇气。西点学员不断被灌输，他们是打响战斗的第一人。在训练动员时，军官就全球范围内纠纷频繁的地区所作的简要通报以及反恐训练，形成了一种高度戒备状态。因此，当西点学员知道自己很快就要参战时，心里反而并没有那么恐惧。

说实话，世上没有什么事能真正让人恐惧，恐惧只是人心中的一种无形障碍。不少人在碰到棘手的问题时，就会设想出许多莫须有的困难，自然就产生了恐惧。其实，遇事如果能大着胆子去做，往往会发现事情并没有想象的那么可怕。

恐惧是我们的大敌，它会找出各种各样的理由来劝说我们放弃。它还会损耗我们的精力，破坏我们的身体。总之，它会用各种各样的方式阻止人们从生命中获取他们所想要的东西。

真正成功的人，不在于成就大小，而在于你是否努力地去实现自我，喊出自己的声音，走出属于自己的道路。大

第五章　勇敢实践

文豪萧伯纳说过："困难是一面镜子，它是人生征途上的一座险峰。它照出勇士攀登的雄姿，也显示出懦夫退却的身影。"一个人无论做任何事情，要想获得成功，就必须有面对各种苦难的勇气，必须正视出现的挫折与失败。只有那些具有勇气的人，才不会被种种困难所带来的恐惧所吓倒，才能真正实现超越自我的目标，达到希望的顶峰。

格兰特曾在维克斯堡战役中经历两次失败，但他没有气馁，而是再次进行了精心策划。他在仔细地研究过地图，聆听过大家谈论后，对部下说出了再次攻打维克斯堡的意图，大多数人都反对，认为他的计划太冒险了，这个计划会毁掉北方军打胜这场战争的全部可能性。但是，格兰特还是出兵密西西比河西岸，从维克斯堡城经过。他让部队在城南登上炮舰渡河。部队在东岸登陆，在司令官的催促下，向内陆进发。为了闪电般地进军，任何非必需品都不准携带。格兰特只带了一把梳子和一柄牙刷，没有替换的衣服，没有毯子，甚至连坐骑也没有。军队从维克斯堡南面向内陆进发。格兰特在城北的活动麻痹了南方军，他们不明白他在要塞南面登陆的用意。南方军指挥官急忙南下，想摧毁格兰特的给养

线，却发现根本不存在什么给养线。这是因为因格兰特违背了一条基本的作战原则，那就是进攻部队的活动不能脱离掩护得很好的给养基地。格兰特完全不受条条框框的约束，他以这片土地为给养基地，一边前进，一边就地征集他所需要的食物和马匹等。

正是这场战役的胜利，改变了南北双方力量的对比，也是使北方走向胜利的转折点。

由此可见，勇气引领人生！一个丧失了勇气的人无异于丧失了一切。英国有句谚语说得好："失去勇气的人，生命已死了一半。"可见勇气在人的一生中对人成长、成功的重要性！

在职场中，一名优秀的公司管理者，魄力与胆识是必不可少的素质，同时还要果断地抛弃恐惧。恐惧是一个很好的导师：恐惧使人不再矫揉造作，不再虚张声势自以为英勇；恐惧使人赤裸裸地面对自己最好和最坏的一面。

今天不能够控制自己的恐惧，那么将来置身于危险中，风险会更大，除非你能够面对你的恐惧，否则恐惧会永远如影随形，永远限制着你的发展和成就。

第五章　勇敢实践

每一位公司管理者都需要冒险。风险愈高，管理者的情绪愈接近恐惧。要训练自己在重要关头能够处理恐惧，最好的办法是在恐惧的情境下练习克服恐惧。他们必须学会面对恐惧，了解恐惧，同时体会如何因为恐惧而产生的压力。唯有如此，才能确保在最需要冷静行事的关键时刻，不会因为恐惧而瘫痪。

所以，直面恐惧、勇敢地面对危险更是管理者应有的一种基本素质。

第六章　工作没有贵贱之分

第六章　工作没有贵贱之分

工作没有贵贱之分

不论是贵族还是平民，不论是男人还是女人，谁都没有理由轻视自己的工作。认为自己的工作是卑贱的，将是一个巨大的错误。

现在，依旧有许多人认为自己的工作低人一等。他们没有认识到其工作的价值所在，只是迫于生存的压力而劳动。

一个人一旦轻视自己的工作，那他就不可能全身心地投入工作，而一旦他们以敷衍了事和得过且过的态度对待工作，这样的员工到任何一个公司都不会受到欢迎。

任何一份正当和合法的工作都是高贵的。每一个诚实的

劳动者和创造者，都值得世人赞誉，因此，最关键的问题是你如何摆正对工作的态度。那种只求高薪，而不知道自己工作责任的人，不但对老板来讲没有任何价值，对他自己来说也是一样。

的确，有这样一些工作，他们看上去不是很高雅，工作环境也很差劲，社会上似乎也不太关注它。但是，你千万别因此而轻视这样一份工作，你要用这样的尺度去衡量它：只要它是有用的，就值得你去做。在年轻人的眼中，当上公务员、银行职员或大公司白领才算得上一份好的工作，为此，很多年轻人甚至花上漫长的话那个时间去等待，为的就是找到这样一个职位。实际上，在同样的时间里，他完全可以找到一份对他来说很现实的工作，并在工作中提升自己的能力，发现自己的价值。

工作没有贵贱，但工作态度却有高低的区别。看一个人的工作态度就能立刻知道他能否做好事情，而决定一个人的工作态度的要素又是他的性情与才能。事实上，一个人的工作态度可以说就代表了他这个人。

轻视自己工作的人，他绝对不会尊敬自己，因为他轻视自己的工作，因此觉得工作十分苦而累，更难让他把工作做

第六章　工作没有贵贱之分

到最好了。今天，依旧有许多人在轻视自己的工作，他们从不认为工作是自己成就事业和人生的工具，而只不过把工作当成谋求生计的途径罢了。在他们眼中工作是生活的代价，持这样错误观念的人是多么可悲啊！

我发现那些轻视自己工作的人，正是生活中的被动者，他们不愿用自己的奋斗去改变自己的生活，而是期待发生奇迹。在他们眼中，公务员既体面又有权威性，他们不想干体力活，也不想当小商贩，他们觉得自己应该生活得更轻松，有一个好的职位，生活得也更自由。他们总是认为自己有什么特长，并因此而前途无量，事实上，这不过是他们固执罢了。

轻视自己工作的人，其实就是人生的懦夫。公务员的工作虽然轻松而体面，但今天，商业和服务业的工作都需要更多人的努力。当一个人对挑战感到畏惧时，他就会找出许多理由，长此以往就看不起自己的工作了。我想，这些人一定从学生时代就养成了懒散的恶习，考试一结束，他们就会把课本扔掉，以为人生就此光明一片了。对于理想的工作，他们的许多认识都是错误的，事实上，他们甚至对工作都不抱有什么理想。对于这样的人，瑞伯特先生曾提出过这样严厉的警告："假如人们只追求政府职位与高薪水，那就是这个

民族的独立精神已经枯竭的危险信号,如果一个国家的国民只是竭尽全力追求这些职位,这个民族将会迈向奴隶一般的生活。"

　　上天赐予了你工作的本能,因此,你千万不能懒散,这只会让你蒙受不幸。这个世界上,有人利用自己的天赋给社会创造美好的事物,而有的人却漫无目的,浪费自己的天资,直到晚年仍身无分文。原本可以创造美好的人生,结果却与成功擦肩而过,这是多么让人痛心啊!

第六章　工作没有贵贱之分

以认真的态度对待每一项工作

　　我不能选择容貌，但可以选择表情；我无法选择天气，但可以选择心情。同样，我们也可以说：你无法选择工作，但可以选择态度。对于工作来说，无论工作平凡或伟大，无论困难或容易，你的态度都将决定你能够取得怎样的成果。卓越的态度可以使平凡变成伟大，平庸的态度可以使伟大变成卑微。可以说，我们的态度决定了一切。
　　面对工作的态度主要有两种，我们可以从中任选其一。第一种是爱迪生所说的："我一辈子从来没有工作过，我只是在玩而已。"另一种就是古希腊福州里邪恶国王西西弗斯

王所认为的"工作就是苦役"。

爱迪生认为工作可以创造出生产力、乐趣以及满足感，投身于自己所从事的工作，可从中得到源源不断的快乐和成就感。而西西弗斯王被打入冥府后，每天必须推动庞大的巨石到山上去。一天过完之后，这块巨石又会自动掉落山谷。他每天都要重复这样的过程，日复一日。他的工作艰辛、枯燥而且毫无意义。

我们也许无法选择自己的工作，因为很多时候人们的选择自由度确实不大。但是，一旦你参与了某项工作，来到某个岗位上，就必须要有把它做好的态度。因为怎样去面对工作，这个态度的决定权是在你的手中。

工作中，我们常常喜欢为自己寻找理由和借口，不是抱怨职位、待遇、工作的环境，就是抱怨同事、上司或老板，而很少问问自己：我努力了吗？我真的对得起这份薪水吗？要知道，抱怨得越多，失去的也越多，而只有端正自己的态度才能获得出类拔萃的机会。

琳达大学毕业后，进入了自己向往已久的报社当记者。虽然说是记者，但她却没有被指派去担任采访等工作，而是每天做一些整理别人的采访录音带之类的小事情。每天做这

第六章　工作没有贵贱之分

样无聊的工作是她以前所没有料到的,于是便萌生出辞职的念头。朋友给了她这样的建议:"你是幸运的,你正在接近你最喜欢的工作。如果你觉得现在的工作无聊的话,那只是你的借口,说明你并没有努力工作。你可以试着学习如何快速听写录音带,试着成为快速记录的高手。将来一定会派上用场的。因为听写一个小时的录音带,往往要耗掉三至五倍的时间,但精通速记的话,只要花费和听录音带相同的时间就可以完成了,不但合理,而且省时。"于是,琳达每个周末都去文化学院学习速记。她精通了速记后,变得能够自如地进行录音带的速记工作。六年以后,她以"录音带速记高手"的身份闻名新闻界,因其速记的"更快速、更便宜、更正确",即使在经济不景气的时候,她的工作也从没间断过。

所以,身在职场,每一个员工都要以积极进取的工作态度走好职业生涯中的每一步,只有这样才能拥有一个与众不同的人生。当你以对待生命的态度对待工作时,工作就会给你同样珍贵的回报。

任何工作都值得做好

任何工作都值得我们做好,而且是用100%的精力。

画家莫奈曾画过这样一幅画,画面上描绘的是女修道院里的情景,几位正在工作着的天使,其中一位正在架水壶烧水,两位正提起水桶,还有一位穿厨衣的天使,正在伸手去拿盘子——哪怕是生活中再平凡不过的事,天使们都在全神贯注地去做。

行为本身说明不了它自身的性质,而是由我们行动时的精神状态来决定的。工作单不单调,也由我们工作时的心境来决定。

第六章　工作没有贵贱之分

我们的人生目标将指引我们的一生，你的工作态度，将让你与其他人分别开来。它或者使你思想更开阔，或者使你变得更狭隘，或者让你的工作变得崇高，或者变得俗气。

做任何一件事对我们的人坐来说都是极具意义的。做一位砖瓦匠，你也许会从砖块和泥浆中发现诗意；做一名图书馆员，你或许可以在工作之余使自己获得更多的知识；做一名教师，也许你为教学工作感到厌烦。但是，只要你见到你的学生，你一定会变得快乐起来。

不要用他人的眼光来看待你的工作，也不要用世俗的标准来衡量你的工作，如果这样做的话，只会让你觉得工作单调、无聊、毫无价值。这如同我们在外面观察一个大教堂的窗户，上面也许布满了灰尘，十分灰暗，没有光华，但是，如果我们推门走进教堂，将会看到另外一幅景象，色彩绚丽、线条清晰，在阳光之下教堂里会形成一幅幅美的图画。

这向我们提供了一条真理：从外部看待问题是有局限的，只有从内部观察才能看透事物的本质。有的工作表面上看十分无味，只有当你身临其境，努力去做时才能体会到其中的乐趣与意义。所以，不管你是什么样的人，都要从工作本身去理解你的工作，把工作看成你人生的权利与荣耀——

这将是你保持个性独立的唯一方法。

任何工作都值得我们努力去做,别轻视你做的每一件事,哪怕是一件小事,你也要竭尽全力、尽职尽责地把它做好。

能把小事情顺利完成的人,才有完成大事情的可能。一个走好每一个脚步的人,绝不会轻易跌倒,而这也是通过工作获得伟大力量的奥秘。

第六章 工作没有贵贱之分

把工作当作乐趣

　　不管你的处境有多么糟糕,你也千万不能因此而厌恶你的工作。如果因为环境所迫,你不得不做些乏味的工作,你也要设法使工作变得充满乐趣。以这样一种积极的态度工作,你将取得你意想不到的良好效果。
　　工作可以让你从中获得经验、知识和信心。你的工作热情越高,决心越大,你的工作效率也就越高。当你充满热情地工作时,工作就会充满乐趣,你再也不会把上班当成一件苦差事了,而别人也愿意聘用你来做喜欢的事情。
　　工作就是为了使自己获得更多的快乐!如果你把每天8小

时的工作看作是在游泳，这是一件多么惬意的事啊！

别看有许多人在大公司里工作，他们知识渊博，受过专业训练，每天穿行在写字楼里，工作体面，而且有一份不错的薪水，但他们不一定比你更快乐。他们是孤独的，他们不愿与人交流，他们不喜欢上班，工作也仅仅是为了生存，他们常常因此而忧心忡忡，健康状况十分糟糕。

当你发现你把一项工作当成乐趣的时候，你就不要再去更换工作了。而如果你觉得工作压力愈来愈大，工作对你而言只有紧张，毫无快乐可言时，那就说明你有些地方不对劲了。要想从根本上解决这个问题，你必须从心理上调整自己，否则换一万次工作也是枉然。

如果一个人能以精益求精的态度、火热般的激情，充分发挥自己的特长来工作，那他做什么都不会觉得辛苦。如果一个人鄙视、厌恶自己的工作，那他一定会失败。真挚、乐观的精神和不屈不挠的毅力才是引导人们走向成功的磁石。无论你做的是什么样的工作，都要用100%的热忱去努力。这样，你就可以从平庸卑微的状态中解脱出来，劳碌辛苦将离你而去，你也不会再有厌恶的感觉。

有一些刚走上社会的大学生常常抱怨自己所学的专业，

第六章　工作没有贵贱之分

于是我就这样问他们，要是你选择的专业与你的兴趣完全相反，当初你为什么要选择它呢？如果你为你的专业已经付出了几年的时光，那么，这已经说明你是足够可以忍受这个专业的。

你的抱怨其实只是你借口逃避责任的理由，这不仅说明你对自己不负责，更说明你是一个对社会也不负责的人。享利·卡萨，一个伟大的成功者，不是由于他有一个10亿美元资产的大公司，更重要的是他是一个慷慨和仁慈的人，他让许多哑巴学会了说话，让许多腿脚残疾的人可以走路，让许多穷人有了医疗保障……而这正是他的母亲在卡萨心里播下的种子。

玛丽·卡萨将如何应用人生的价值这一珍贵的礼物给了他的孩子。每一天，在玛丽结束工作之后，总会义务地花一段时间去做保姆工作，给那些生活在不幸中的人们以帮助。她留给儿子这样一条忠告："不工作你将一事无成，我除了告诉你要学会寻找工作的快乐之外，什么东西也不能留给你。"

卡萨说："母亲让我明白了热爱他人和为他人服务的重要性，这是我人生之中最有价值的事情。"

假如你也这么做，把你的兴趣和工作结合在一块儿，就会发现，你工作起来就不会感到辛苦和单调了。兴趣将让你的身体充满活力，哪怕做再多的工作，你也不会感到疲劳。

满足生存需要不应该成为工作的唯一目的，工作更应该成为实现人生价值的途径。无所事事的人生将是悲哀的人生，把你的兴趣放在工作上，你将乐在其中，你的人生也将因为你从事热爱的工作而得到升华。

一个成功的人，他总是把工作当成一件快乐的事，并且，他还乐此不疲地把这份愉悦传递给别人，使人们愿意与他交往和共事。

年轻人，把工作当成人生最有意义的事吧！把与同事共处看成一种缘分，把与顾客、合作伙伴见面当成乐趣吧！

"工作能让你的精神健康，在工作中不断思考，工作将变得无比快乐，这两者谁也离不开谁！"

第六章　工作没有贵贱之分

做个热情的工作者

鲁迅说："这世上本没有路，走的人多了，也便成了路。"

中国人大都有随大流的观念，总觉得这样做很保险，选错了，大不了大家都错，落得个心理平衡，不会觉得过于可惜和自责。可反过来呢，倘若对了，那么利益均分，到自己身上的时候就不稀奇了。价值观念的滞后性由此可见一斑。

其实，价值也有永恒的法则，那就是"物以稀为贵"，这是从数量上讲的，换个角度来看，敢为天下先，做别人没有做过的事，虽然风险较大，但是一旦成功，成为众人争相效仿的对象，那这种成功的含金量是难以估计的，甚至会得

到后世的推崇和敬仰。

开垦一片农田，种下一粒希望的种子，需要付出夜以继日的辛勤汗水，才能等到它结出丰硕的果实。在外人看来，这无异于一种刑徒，而对于垦荒者而言，这真的是一种莫大的享受。天壤之别的根源就在于拥有热情。热情是化解疲劳的最好力量。

拥有热情的人，不会安于现状，他们对于自己的物质生活往往没有过多的要求，但却对自己追求的事物总不满足；拥有热情的人，不会感觉疲惫和厌倦，因为心里一直在精神抖擞；拥有热情的人，一年三百多天不会有低潮期，因为自己的身心就像在海边冲浪的帆船，时刻都全神贯注。

垦荒是一种开创的精神，热情是一种人生的财富，两者兼而有之，所向无敌。

第六章　工作没有贵贱之分

工作中无小事

每个人所做的工作,都是由一件件小事构成,但不能因此而对工作中的小事敷衍应付或轻视懈怠。记住,工作中无小事。所有的成功者,他们与我们都做着同样简单的小事,唯一的区别就是,他们从不认为他们所做的事是简单的小事。

战场上无小事。很多时候,一件看起来微不足道的小事,或者一个毫不起眼的变化,却能决定一场战争的胜负。战场上无小事,这就要求每一位军官和士兵始终保持高度的注意力和责任心,始终具有清醒的头脑和敏锐的判断力,能够对战场上出现的每一个变化、每一件小事迅速做出准确的

反应和决断。我发现,"战场上无小事"也同样适用于企业,适用于企业的每一位员工,因为在工作中没有小事。

希尔顿饭店的创始人、世界旅馆之王康·尼·希尔顿就是一个注重"小事"的人。康·尼·希尔顿要求他的员工:"大家牢记,万万不可把我们心里的愁云摆在脸上!无论饭店本身遭到何等的困难,希尔顿服务员脸上的微笑永远是顾客的阳光。"正是这小小的永远的微笑,让希尔顿饭店的身影遍布世界各地。

其实,每个人所做的工作,都是由一件件小事构成的。士兵每天所做的工作就是队列训练、战术操练、巡逻、擦拭枪械等小事;饭店的服务员每天的工作就是对顾客微笑、回答顾客的提问、打扫房间、整理床单等小事;你每天所做的可能就是接听电话、整理报表、绘制图纸之类的小事。你是否对此感到厌倦、毫无意义而提不起精神?你是否因此而敷衍应付,心里有了懈怠?这不能成为你的借口。请记住:这就是你的工作,而工作中无小事。要想把每一件事做到完美,就必须付出你的热情和努力。

成功不是偶然的,有些看起来很偶然的成功,实际上我们看到的只是表象。正是对一些小事情的处理方式,已经昭

第六章　工作没有贵贱之分

示了成功的必然。它们都要求人们必须具有备一种锲而不舍的精神，一种坚持到底的信念，一种脚踏实地的务实态度，一种自动自发的责任心。小事如此，大事亦然。

超越平庸，选择完美

不要满足于尚可的工作表现，要做最好的，你才能成为不可或缺的人物。人类永远不能做到完美无缺，但是在我们不断增强自己的力量、不断提升自己的时候，我们对自己要求的标准会越来越高。这是人类精神的永恒本性。

对于我们来说，顺其自然是平庸无奇的。平庸是你我的最后一条路。为什么可以选择更好时我们总是选择平庸呢？如果你可以在一年之外弄出一天，那为什么不利用这365天呢？为什么我们只能做别人正在做的事情？为什么我们不可以超越平庸？

第六章　工作没有贵贱之分

如果一个人顺其自然的话，那么他也不会赢得奥林匹克竞赛。把金牌带回家的运动员必须超越已有的记录。我厌倦了平庸。我的感觉和哈伯德写下如下这些话时的感觉如出一辙：

不要总说别人对你的期望值比你对自己的期望值高。如果哪个人在你所做的工作中找到失误，那么你就不是完美的，你也不需要去找借口。承认这并不是你的最佳程度。千万不要挺身而出去捍卫自己。当我们可以选择完美时，却为何偏偏选择平庸呢？我讨厌人们说那是因为天性使他们要求不太高。他们可能会说："我的个性不同于你，我并没有你那么强的上进心，那不是我的天性。"

超越平庸，选择完美。这是一句值得我们每个人一生追求的格言。有无数人因为养成了轻视工作、马马虎虎的习惯，以及对手头工作敷衍了事的态度，终致一生处于社会底层，不能出人头地。

在某大型机构一座雄伟的建筑物上，有句很让人感动的格言。那句格言是："在此，一切都追求尽善尽美。""追求尽善尽美"值得作为我们每个人一生的格言，如果每个人都能用这格言，实践这一格言，决心无论做任何事情，都要

竭尽全力，以求得尽善尽美的结果，那么人类的福利不知要增进多少。

人类的历史，充满着由于疏忽、畏难、敷衍、偷懒、轻率而造成的可怕惨剧。不久前，在宾夕法尼亚的奥斯汀镇，因为筑堤工程没有照着设计去筑石基，结果堤岸溃决，全镇都被淹没，无数人死于非命。像这种因工作疏忽而引起悲剧的事实，在我们这片辽阔的土地上，随时都有可能发生。无论什么地方，都有人犯疏忽、敷衍、偷懒的错误。如果每个人都能凭着良心做事，并且不怕困难、不半途而废，那么非但可以减少不少的惨祸，而且可使每个人都具有高尚的人格。

养成了敷衍了事的恶习后，做起事来往往就会不诚实。这样，人们最终必定会轻视他的工作，从而轻视他的人品。粗劣的工作，就会造成粗劣的生活。工作是人们生活的一部分，做着粗劣的工作，不但使工作的效能降低，而且还使人丧失做事的才能。所以粗劣的工作，实在是摧毁理想、堕落生活、阻碍前进的仇敌。

要实现成功的唯一方法，就是在做事的时候，抱着非做成不可的决心，要抱着追求尽善尽美的态度。而世界上为人类创立新理想、新标准，扛着进步的大旗，为人类创造幸福的人，

第六章　工作没有贵贱之分

就是具有这样素质的人。无论做什么事，如果只是以做到"尚佳"为满意，或是做到半途便停止，那他绝不会成功。

有人曾经说过："轻率和疏忽所造成的祸患不相上下。"许多年轻人之所以失败，就是败在做事轻率这一点上。这些人对于自己所做的工作从来不会做到尽善尽美。

大部分青年，好像不知道职位的晋升，是建立在忠实履行日常工作职责的基础上的。只有尽职尽责地做好目前所做的工作，才能使他们渐渐地获得价值的提升。

相反，许多人在寻找自我发展机会时，常常这样问自己："做这种平凡乏味的工作，有什么希望呢？"可是，就是在极其平凡的职业中、极其低微的位置上，往往蕴藏着巨大的机会。只要把自己的工作做得比别人更完美、更迅速、更正确、更专注，调动自己全部的智力，从旧事中找出新方法来，才能引起别人的注意，使自己有发挥本领的机会，满足心中的愿望。

做完一件工作以后，应该这样说："我愿意做那份工作，我已竭尽全力、尽我所能来做那份工作，我更愿意听取人家对我的批评。"

成功者和失败者的分水岭在于成功者无论做什么，都力

求达到最佳境地，丝毫不会放松；成功者无论做什么职业，都不会轻率疏忽。

你工作的质量往往会决定你生活的质量。在工作中你应该严格要求自己，能做到最好，就不能允许自己只做到次好；能完成100%，就不能只完成99%。不论你的工资是高还是低，你都应该保持这种良好的工作作风。每个人都应该把自己看成是一名杰出的艺术家，而不是一个平庸的工匠，应该永远带着热情和信心去工作。

第七章

行动就有可能

第七章　行动就有可能

现在就行动

　　世间急需这种人才：在任何情况下都能克服阻力，用实践行动完美地完成任务。

　　行动，不停地行动，就是对坚持的最好诠释。

　　说得好不如做得好，承诺任何何目标都需要行动去为它们正名，这样它们才有存在的价值。所以目标一旦明确下来就要开始行动，而且锲而不舍。

　　再长的路，一步步也能走完；再短的路，不迈双脚决然无法到达。目标一旦明确就要开始行动，而且要锲而不舍。实践履行自己承诺的过程，是需要极大的恒心和毅力才能完

成的人生任务，虽然艰苦，但是一旦很好地完成它，你的人生就上升了一个新的境界，与众不同。

德田先生是在日本大阪大学附属医院就诊时确定了要上大阪大学医学系学习的。这一目标定下来之后，他就立刻付诸实践。

当天下午，他就到北野高中联系转学事宜，却没有成功，他没有放弃，第二天他又到宫城高中联系，结果联系成了，他马上回家向父亲表明转学的事，征得同意，实现了他的第二个目标。德田是一个认准了目标就一往直前的人。大阪大学医学系毕业以后，他当上了医生。在医院工作期间，德田对医疗界的弊端感触尤为深刻。他认为要想改革日本医疗事业的现状，就必须建立不受宗派势力支配的新型医院，并以此体现医疗的真正作用。

于是，德田先生决定自己办医院。目标一定下来，他就立刻行动起来。他既没有资金，也没有抵押品和保证人，一切都要从零开始。但是，德田先生没有被困难打倒，开始了艰苦的奋斗。

1971年1月，德田先生开始有了正式创办医院的设想，从

第七章　行动就有可能

那时起,他用了三个月的时间,完成了对建筑用地的调查,德田不仅从数字上掌握了大阪的单位人口与诊疗所及病床的比例、急救车的市郊出动率、住宅患者的循环周期等实际状况,而且还认真地听取了居民的呼声。为此,他利用值夜班后的休息日和下班后的时间到处奔走。

到了5月,他在靠近铁南大阪线的河内天美车站的对面找到了一处非常适宜的地皮。这不是准备出售的土地,而是一块卷心菜地。它位于铁路沿线,而且离火车站很近,人们在火车站就可以看见这个地方。作为医院的地址,条件很好,土地的主人也很通情达理,愿意把土地卖给他做医院。

可是,德田就连买地的定金都没有,现在最紧要的问题就是筹措资金。在德田的建院计划里,地皮、建筑、设备、医疗器械等在内,预算总额为1.6亿日元。可是德田自己既没有私人资金,也没有可抵押的东西,连个有钱的保证人也没有。他到银行贷款,没有人贷给他!如果贷不到款,虽然好不容易得到卷心菜田主人的照顾,一切还将化为泡影。

"我要办医院,我要办医院",德田一边想,一边从这

家银行跑到那家银行，四处奔波。可哪家银行都不愿为他贷款。德田深感徒劳，但他想到或许有一家银行会贷款给他。于是他就抱着一线希望详详细细地拟订了一份建院所需1.6亿日元资金的收支计划，一直忙到深夜。

也许是德田诚心感动了天地了吧。8月又开始每天去银行，连新设的支行都找遍了。因为新设的支行业务较少，说不定对德田的话感兴趣。德田终于在新设的支行中，找到了一家似乎有点指望的银行。他立即把建院的收支计划递了过去。在计划里不仅注明了单位人口所需床位数，包括现有床位数、不足床位数、外地患者住院人数，还注明了请求保险单的单价、设备、偿还等等款项，连当地居民生活的生活状况也写得详细具体。"就是银行调查也没有这么详细的。"对于德田那详尽的资料，银行方面也感到惊讶。因为对方所需要的各种数据，在德田那份随手提出的计划里，可以说是应有尽有，绰绰有余。也许是同意这份计划吧，关于贷款的交涉进展得颇为顺利。也就是说，那时，德田抱着一线希望，毫不灰心地制定的计划起了作用。到了这年年底，德田

第七章　行动就有可能

终于得到了购买地皮用的1800万日元的贷款。

从德田的创业借款过程中,我们体会到正因为他立即付诸行动,并为了自己给银行的承诺而制订了详细的计划,使得自己获得了对方的信任,他的所有努力才没有白费,所以具体的实践可以帮助我们兑换承诺,助我们走向成功。

正因为未来是难以估量的,我们才要对自己的人生更加的负责,用现在的实际行动来为未来的生活铺路。人存于世间,应时时具有实践意识。实践是检验真理的唯一标准,也是换取成功的不二法则。

有一个州政府曾设立过一个"立刻办事中心",把市民的投诉马上进行处理,一度被传为佳话。这种一反政府办事习惯的举动,使得全国报纸杂志争相报道,各地方自治社团纷纷前来参观。

出现这种盛况的原因是,一般人们会觉得公务员办事效率低下,做事拖拖拉拉。但权高位尊的政府机构让一般老百姓对之无可奈何。如果企业也这样办事,那肯定会失去与别人竞争的能力。若这个企业没有办法给予我们最短时间内满足订单上的要求,我们就会立刻开始与下一个公司洽谈。时间是非常宝贵的,你要想使交易成功,就必须能够满足客户

的要求。最高效地处理完事务，是与客户洽谈业务的最基本要求。

你必须养成尽可能地完成手边工作的习惯，我们在做事情时，需要有一种事情没办完就无法安下心来、一个问题没有被解决掉就难以心平气和地坐下的工作态度。

在工作上，不性急是不行的。今天上司交给你一件看起来不是很急的事情，明天他一定会问你事情办好了没有。你可能会认为上司太过急于求成了，其实这只是你与上司之间在时间观念上的差异。上司如果不性急，他是不大可能在这个竞争激烈的社会中取胜的，也很难成为你的上司。一天有24小时，这对每一个人来说都是公平的。但这一天在每个人记忆中又都不是一样的，有的人过得十分充实和愉快，回忆起来十分难忘；有的人却过得非常难受，度日如年，往事不堪回首。例如，看了一场让自己感动万分的电影，与自己非常喜欢的异性约会，和好朋友到外面玩，这样的时光是最使人快乐、难忘的，即使多年后你仍能记起；而那些让你痛苦的事情，让你不愉快的经历，你是很难再去想起来的。

工作上的时间意识也会与上述的感觉类似。那些平日以分和秒为时间单位的上司们，在处理事务时总觉得时间不够

第七章　行动就有可能

用，上班时间一下子就过去了。但在总结一天的收获时，才发现原来的这一天干了那么多事情。甚至往往会认为上午做的事情是昨天完成的，而昨天的事情是几天前做的。因此，他们才会常常在昨天交给下属一件事情，今天就问是否做完了，这是因为他们觉得那件事情好像是两三天前已经布置下来了。看来，要赶上上司的工作节奏，就应该学习好上司工作时的时间意识。

在一个企业中，主管们尤其是身居高位要职者，更是办事绝不拖延的典范。往往他们只要一想起什么事情就立刻给下属们下达指示，即便他们在开会，也会立刻将其叫出来。我们经常碰到这样的情况。一次我要去外地出差，上司突然给我打来电话，我以为是什么大事，便郑重地去了，此后才发现事情远没有我想象的那么重要。

"立刻行动，绝不拖延"的好处，不仅在于避免忘记应该处理的事情，还在于能起到"趁热打铁"的作用。"趁热打铁"就是在身上的热情却还没有消退时，马上投入行动，把事情在强烈的推动力的作用下解决掉。如果总是一再考虑，等到自认为时机已经成熟时，身上的热情已经冷却了，身上的动力也消失殆尽了。

英文中有句谚语：One of there days is none of these days。中国也有句名言叫"择日不如撞日"，说的就是立刻行动，绝不拖延。万事开头难，但如果能趁着满身动力时就开始行动，我们会发现，事情会越来越好做的。

第七章　行动就有可能

行动是梦想的催化剂

梦想只是美丽的彩虹，行动才是灌溉的雨水。当我们备好行囊，准备向目标出发时，下一个关键就是行动。

阿·安·普罗克特说："梦想一旦被付诸行动，就会变得神圣。"

"做"才是一件事情成功的关键。人生事业的建立，不在于能知，而在于能行。地球上，每分每秒，有太多人把自己苦思冥想的计划取消或者埋葬，不敢付诸行动。等别人开始行动时，自己又后悔。所以说，当你拥有梦想时，无须等待，再多的心动与向往也不如立即行动来的实在。命运的轮

盘就在自己每天所做的事情中旋转,只有行动,才能让梦想变成现实。

行动不一定成功,不行动一定不会成功。只有敢于付诸行动并且勇于负责的人才能够获得成功。

梦想之花只有在精心的灌溉和呵护下才可能盛开,种在花园中却不闻不问是决然不可能开出美丽的花朵的,即使坚强地冒出头来,也会在不久之后面临枯萎和死亡。

梦想如果只"梦"只"想",那么成功永远只能发生在梦里。任何时候都要清楚:牢记梦想只是一个基础。而梦想的实现是必须建立在第二次创造上的。当你找到了自己所要追求的目标,同时也给这些目标找到了实现的充分理由后,实现整个目标的行动就应该已经展开。充分的体现行动过程中的所有感受,把自己完全沉浸在享受梦想实现的快感里,这样,即使过程再艰难和遥远也不会动摇和放弃。

有这样一则白领丽人的生存寓言:

一个小男孩问上帝:"一万年对你来说有多长?"上帝回答说:"像一分钟。"

小男孩又问上帝说:"一百万元对你来说有多少?"上帝回答说:"像一元。"

第七章　行动就有可能

小男孩再问上帝说："那你能给我一百万元吗？"上帝回答说："当然可以，只要你给我一分钟。"

这则寓言告诉我们，财富不是梦想，它要付出一定的代价和实践，天下没有免费的午餐，天上不会掉馅饼。

一个多世纪前，在美国中西部的大都市芝加哥，曾经有一个十七八岁的青年，怀着对"财富""势力""大厦"和"美人"的种种幻想，从家乡小镇来到大都市，在洗碗碟、擦炉子、开卡车、送报纸等杂工中实践着自己对于上述幻想的追求。这个人，就是后来以《嘉莉姐妹》《美国悲剧》等揭露现代资本主义制度和资本主义文化对贫穷者、尤其是小资产阶级知识分子的腐蚀与摧残，揭露所谓"美国式梦幻"的虚伪性与欺骗性而知名的批判现实主义作家西奥多·德莱塞。

追求财富就要在实际行动中实现梦想，先要有梦想，然后行动，最后才能梦想成真。

拿破仑·希尔把致富的过程总结为六大步骤：第一，牢记你所渴望金钱的确切数目。第二，决定一下，你要付出什么以求报偿。第三，设定你想拥有所渴望金钱的确切日期。第四，草拟实现渴望的确切计划，并且立即行动，不论你准

备妥当与否，都要将计划付诸实施。第五，简单明了地写下你想获得的金钱数目，及获得这笔钱的时限。第六，一天朗读两遍你写好的告白，早晨起床时念一遍，晚上睡觉前念一遍。

这六大步骤的核心就是要行动。

梦想只是美丽的彩虹，行动才是灌溉的雨水。当我们备好行囊，准备向目标出发时，下一个关键就是行动。

任何伟大的梦想都只有在行动中才会变为现实。

第七章　行动就有可能

不要懈怠，马上行动

对一个勤奋的艺术家来说，若他不想让任何一个想法溜掉，那么当他产生了新的灵感时，他会立即把它记下来，即使是在深夜，他也会这样做。他的这个习惯十分自然、毫不费力。一个优秀的员工其实就是一个艺术家，他对工作的热爱，立即行动的习惯，就像艺术家记录自己的灵感一样自然。

每一个员工，特别是老员工，一定会对升职加薪梦寐以求。但幻想毫无价值，你的目标并不会因渴望而达到，一切都毫无意义，因为你还没有付诸行动。

一张导游图，无论它的内容多么详尽、比例多么精确，

它永远也不可能带着你在地面上移动半步；任何一本致富的宝典，无论它的方法多么科学实用，你也永远不可能从它的字里行间中取出钞票。只有行动才能使你梦想的地图、宝典具有现实意义。面对企业复杂的事务，你可能会感到恐惧，要想克服恐惧，你必须毫不犹豫地付诸行动，只有这样，你才能平定内心的慌乱。

萤火虫只有在振翅而飞的时候，才能发出美丽的光芒。那么你就要学习萤火虫，努力振动奋进的翅膀，让行动的光芒照亮你的职场生涯。

在竞争异常激烈的现代社会，成功的机会转瞬即逝。你需要理智地、身体力行地分析现状，果断地采取行动，坚定付诸行动的决心和不断超越现状的执著追求，并由此向你的目标挺进。行动对你而言，就像食品和水一样，能滋润你，给你力量，使你成功。

从现在开始，马上就付诸行动，如果你是苍鹰，就应翱翔于苍穹；如果你是雄狮，就要驰骋于森林。否则，你就有可能面临另外一种命运——被淘汰出局！

立刻行动吧，否则成功将离你越来越远！

"现在"这个词对你在职场的成功妙用无穷，而"明

第七章　行动就有可能

天""以后"往往是"永远都不能行动"的代名词。你可以想一想，你有许多想做的事没有做成，是不是因为在"我现在就去做，马上开始"的时候，却"明天再说吧"？

事实就是这样：如果你时时想到"现在"，很多事情就顺利地完成了；如果你常想"将来有一天我会去做的"，那你注定将一事无成。

人有时候就喜欢自我妥协，经常是"今天实在太苦、太累了，明天我一定做"，结果，却什么都没做，而累积起来的工作却越来越多了。这样的员工能受到企业的重用吗？

要想有效地完成企业交给你的工作任务，成为一名优秀的员工，最好的办法就是，现在就去做！

据调查统计，全美国有三分之一的员工都无法完成每天设定的待办事项。虽然大多数人都整天像龙卷风般地跑东跑西，看起来很忙碌，但其实未必有什么成就。员工们也无法从工作中获得满足，这难道只是工作的问题吗？

如果每天的工作都无法达到要求，那么会容易让人感受到挫折、压力以及失望。惟有当日事当日毕，才能消除这些负面情绪。每一个员工都要找出适合自己的可以让你当日事当日毕的工作方法。

把每天的待办事项写在一张纸上,然后一个一个地去解决。简化处理事情的方法,并且把那些等着你回复的邮件以及一直没有回复的电话一一处理好,把你的工作整理得井井有条。

顺利完成当日的工作任务能够让你感到满足,然后你就可以把这个工作从待办事项中划去,迎接崭新的开始。这时候你会再度充满活力,而且能够把注意力专注在某个重要的工作上,使每天的工作都能顺利完成。

在现代企业中,崇尚的是把工作保质、保量地完成,而不是你工作得有多忙碌、多辛苦。真正能够受到同事或上级肯定的是你到底做了什么,而不是你的出发点有多好。所以,当日事当日毕,并且还要有效地完成,不要留到明天,因为明天还有明天的任务。

从现在开始,请立即行动!

富兰克林说:"把握今日等于拥有两倍的明日。"将今天该做的事拖延到明天,而即使到了明天也无法做好的人,占了一半以上。应该今日事今日毕,否则可能无法做大事,也不太可能成功。所以应该经常抱着"必须把握今日去做完它;一点也不可懒惰"的想法去努力才行。歌德说:"把握

第七章　行动就有可能

住现在的瞬间，从现在开始做起。只有勇敢的人身上才会赋有天才、能力和魅力。因此，只要做下去就好，在做的历程当中，你的心态就会越来越成熟。能够有开始的话，那么，不久之后你的工作就可以顺利完成了。"

有些人在要开始工作时会产生不高兴的情绪，如果能把不高兴的心情压抑下来，心态就会愈来愈成熟。而当情况好转时，就会认真地去做，这时候就已经没有什么好怕的了，而工作完成的日子也就会愈来愈近。总之一句话，必须现在就马上开始去做才是最好的方法。哪怕只是一天或一个小时的时光，也不可白白浪费。这才是真正积极主动的工作态度。

有一种员工是典型的完美主义者，他们觉得没有人能做得比他们好，所以不懂得授权给别人。他们认为自己比别人都行，因此也拒绝别人的建议，不要求任何协助。他们会无限地延长工作完成的时间，因为他们需要多一点儿时间让它更完美，而忽视别人的需要。他们以为只要他们一直在做事，就表示还没有完成；只要还没有完成，他们就可以避免别人的批评。完美主义让他们觉得，即使他们什么事都没做，也还是比别人优越。

总有很多事情需要去做，如果你正受到怠惰的钳制，

那么不妨就从碰见的任何一件事着手。是什么事并不重要，重要的是你突破了无所事事的恶习。从另一个角度来说，如果你想规避某项杂务，那么你就应该从这项杂务着手，立即进行。否则，事情还是会不断地困扰你，使你觉得烦琐无趣而不愿意动手。假如你应该打一个电话给客户，但由于拖延的习惯，你没有打这个电话。你的工作可能因这个电话而延误，你的公司也可能因这个电话而蒙受损失。

为了按时上班，假定你把闹钟定在早晨6点。然而，当闹钟闹响时，你睡意仍浓，于是起身关掉闹钟，又回到床上去睡。久而久之，你会养成早晨不按时起床的习惯，同时，你又会为上班迟到而寻找借口。

立即行动！这句话是最惊人的自动起动器。任何时刻，当你感到拖延苟且的恶习正悄悄地向你靠近，或当此恶习已迅速缠上你，使你动弹不得之际，你都需要用这句话来提醒自己。

一个人要成就一番事业，首先就要学会利用自己的时间。养成良好的运用时间的习惯。

立即行动吧。

这种态度还会消减准备工作中一些看似可怕的困难与阻

第七章　行动就有可能

碍，引领你更快地抵达成功的彼岸。

有个农夫新购置了一块农田，可他发现在农田的中央有一块大石头。

"为什么不铲除它呢？"农夫问。

"哦，它太大了。"卖主为难地回答说。

农夫二话没说，立即找来一根火铁棍，撬开石头的一端，意外地发现这块石头的厚度还不及一尺，农夫只花了一点儿时间，就将石头搬离田地。

也许，在开始的时候，你会觉得做到"立即行动"很不容易，因为这样难免发生失误。但最终你会发现，"立即行动"的工作态度，会成为你个人价值的一部分。当你养成"立即行动"的工作习惯时，你就掌握了个人进取的秘诀。当你下定决心永远以积极的心态做事时，你就朝自己的成功目标迈出了重要一步。

立即行动吧！最理想的任务完成期是昨天。

在我们日常的工作中，任何时候，都不要自作聪明设计工作；期望工作的完成期限会按照你的计划而后延。成功的人士都会谨记工作期限，并清晰地明白，在所有老板的心目

中，最理想的任务完成日期是：昨天。任何时候都要努力把完成的实践主动提前而不是延后。

这一看似荒谬的要求，是保持恒久竞争力不可或缺的因素，也是唯一不会过时的东西。一个总能在"昨天"完成工作的员工，永远是成功的。其所具有的不可估量的价值，将会征服任何一个时代的所有老板。

现在，商业环境的节奏，正在以令人炫目的速率快速运转着。大至企业，小至员工，要想立于不败之地，都必须奉行"把工作完成在昨天"的工作理念。作为一名老板，百分之百是"心急"的人，为了生存，他们恨不得把每一分钟分成八瓣。按他们的速率预算，罗马三日建成也算慢。所以，要老板白花时间等你的工作结果，比浪费金钱更叫他心痛，因为失去一分钟，在那一分钟内能想到的业务计划，可能价值连城。

平心而论，没有哪个不讲效率者能成为老板，也没有哪个老板，能长期容忍办事拖沓的员工。你要想在职场中一路顺风，炙手可热，最实际的方法，就是满足老板的愿望，让手中的工作消化在"昨天"。

也即，在罗马应该于昨天建成的心理状态下，对老板交

第七章　行动就有可能

代的工作，要在第一时间内进行处理，争取让工作早点瓜熟蒂落，让老板放心。

成功存在于"把工作完成在昨天"的速率之中，正如未来的橡树，包含在橡树的果实里一样。如果每次老板的嘱咐都获得尽快处理，你必会成为最能惹他开心的人。

千万不要愚蠢地像上例中的那位主管，把昨天就能完成的工作拖延到明天。而如果你已完成，就不要愚蠢地等到老板开口，说那句"你什么时候做完那件事"时，才把成绩呈上，这样必会在印象上大打折扣。

当你的老板向你提出了苛刻的工作期限时，不要反驳，不要抱怨。将心比心，如果你是老板，一定会希望员工能像自己一样，将公司的工作当成自己的事业，更加努力、更加勤奋、更加积极主动，以让工作在最短时间内有效完成。因此，假如你渴望成功，那么，就以老板苛刻的工作期限为基础，主动给自己再制定一个新的工作期限吧。

为了达到目标，就要迅速地行动，只有迅速地行动，才能增加与别人接触的机会，并能从不同场合获取各种各样的信息。这样，你头脑中或许就会闪现出智慧的火花和绝妙的创意。所谓的机会，也恰恰潜藏在这些灵感之中。

立即行动

"一个行动胜过一打计划。"这是艾森豪威尔将军的座右铭。

西点将领布莱德利说:"只有在行动中,我们才会感觉到生命的悸动,才能让生命具有价值,才可以得到衣食住行的保障,也可以变得智慧、勇敢、坚毅和高尚起来。"

只有行动才能使梦想、计划、目标具有现实意义。行动,像食物和水一样,能滋润我们、使我们成功。

一张地图,不论多么详尽,比例多精确,它永远不可能带着它的主人在地面上移动半步。一个国家的法律,不论多

第七章 行动就有可能

么公正，永远不可能防止罪恶的发生。任何宝典，如果我们不去实行，永远不可能创造财富。

只有行动才有成功的可能。有行动的人是最可怕的人，他们无往不胜，即使不幸遭遇灭顶之灾，他们也能以最快的速度重振精神，用行动宣告自己永不认输的坚强。

生活中有一些人，他们怀揣着梦想奋斗了一生，忍受着梦想迟迟不能实现的折磨，却从来没有停止前进的脚步，这样的人更值得我们钦佩。

哈里是美国海岸警卫队的一名厨师，因为读过几天书，在一起工作的伙计们都来找他写情书、写家信，写了一段时间，哈里发觉自己爱上了写作。于是，他暗暗地下决心，给自己定了一个目标：两三年之内写一本长篇小说。从树立目标的那一刻开始，哈里就时刻把努力放在第一位。

说干就干，哈里马上就行动起来。每天晚上，他都一个人躲在屋子里不停地写啊写。就这样，写了八年，他终于在杂志上发表了自己的处女作，虽然钱很少，稿酬也只不过是100美元，但他看到了希望，他并没有灰心，觉得自己还是有一定写作潜能的。

走自己的路，一切皆有可能

从美国海岸警卫队退休以后，他没有放弃自己喜欢的写作。可惜，稿费远远不能满足自己的生活需要，欠款也越来越多，有时候，甚至连吃饭的钱都没有。生活的磨难并没有让他退缩，他仍然锲而不舍地坚持写作。朋友们给他介绍了一份政府部门的工作，虽然当时的哈利很需要钱，但他还是干脆地拒绝了，哈里说："如果工作了，我就没有时间写作了，我一定要成为一名作家！"

经过整整12年时间的努力，哈里终于写出了自己预想中的作品。为了这本书，他忍受了常人难以承受的艰难和困苦，每天深夜，家里所有的人都睡觉了，只有他依然在用心地写作。因为一直在写，他的手指都变形了，视力也急剧下降。但和他的作品相比，这些又算得了什么呢？

这本小说一出版就引起了巨大的轰动，仅在美国就发行了160万册精装本和370万册平装本。接下来，又被改编成电视连续剧，据调查，观众超过了1.3亿。这部作品还让他荣获了普利策奖，收入超过500万美元。

这就是著名作家哈里的故事，如果你不熟悉这部作

第七章　行动就有可能

品的话，真是太遗憾了，这部书就是今天我们经常看到的《根》。

哈里说："取得成功的唯一途径就是'立刻行动'，努力工作，并且对自己的目标深信不疑。不要心存幻想，世上并没有什么神奇的魔法可以将你一举推上成功之巅——你必须有理想和信心——遇到艰难险阻必须努力克服它。"是的，贫穷与平凡并不可怕，可怕的是我们失去了梦想，并且没有将梦想付诸行动的勇气和魄力。所以，行动起来吧，行动将为你扫去一切障碍，使你无往不胜，成为一个真正有所作为的人。

毕业于西点的将军奥马尔·纳尔逊·布莱德雷说："习惯性拖延的人常常也是制造诸多借口与托词的专家。如果你存心拖延、逃避，你自己就会找出成千上万个理由来辩解为什么不能够把事情完成。"

1944年1月，布莱德雷被艾森豪威尔正式任命为第一集团军区司令。当年6月6日凌晨，"霸王"作战开始。在空降部队降落和海空军火力突击之后，布莱德雷指挥美国第一集团军在奥马哈和犹他海滩登陆成功。

此前，美军已制订好针对敌军的"眼镜蛇"战役，但因为气候原因而一再推迟，而后，美军最高司令官将该战役指挥权交由布莱德雷。

7月1日，美军攻占瑟堡港和科唐坦半岛。7月25日，布莱德雷在巩固和扩大登陆场之后开始实施因气候不佳而推迟的"眼镜蛇"战役。面对恶劣的气候环境，布莱德雷下令立即行动，他要求士兵急速前进，速战速决，争取作战时间。

7月30日，美军突破阿弗朗什的德军防线，共俘虏德军2万人，胜利结束该战役。

"立即行动"就是最好的办法。不管什么时候，如果觉察到拖拉的恶习正在侵袭你，或者这种恶习已经缠住你了，这四个字就是对你的最好提醒。

不管什么时候都有许多事情要做，要克服懒惰的习惯，养成立即行动的好习惯，你不妨从遇到的随便一件事上入手。不要在意是什么事，关键在于打破游手好闲的坏习惯。换个角度说，假如你要躲开某项烦人杂务，你就要针锋相对，立即从这项杂务入手。要不然，这些事情还是会不停地困扰你，使你厌烦而不想动手。

第七章　行动就有可能

你一旦养成了"立即就做"的工作习惯，你就大体上把握了人生进取的精义。

工作能力和工作态度决定了你的薪水和职位。担任企业最重要职位的人往往是那些工作效率高、做得多，而且乐于做的人。迈向远大前程的重要的一步在于你要下定决心以积极的心态做事，马上行动，不要迟疑。

约翰·D. 洛克菲勒曾经对自己的儿子说："亲爱的小约翰，今天就是行动的一天！选择行动才是最重要的。你的生活不是试跑，也不是正式比赛前的准备活动。生活就是生活，不要让生活因为你的不负责任而白白流逝。要记住，你所有的岁月最终都会过去的，只有做出正确的选择，你才有资格说你已经活过这些岁月。你必须自己思考，并付诸行动。即便做出的决定未能如愿以偿，但采取行动能够增加采取更多行动的可能性；而什么也不做只能增加下一次有所选择的可能性。到时候你肯定又会随波逐流。你应该奉行今天行动的原则。不要把今天的工作推迟到明天来做，一定要今天的工作今天来完成，争取今天完成明天的工作。如果你想要冲破你的人生难关，现在就去做！如果你现在不去做，你永远不会有任何进展。如果你现在不去行动，你将永远不会有任何

行动,没有任何事情比下定决心,开始行动更有效果。"

爱默生说:"没有任何想法比这个念头更有力量,那就是:时候到了!"

创造出天地万物的全能上帝也不会毫无缘故地赋予你希望、梦想、野心或创意,除非你行动的时机已到!大多数人只能庸庸碌碌度过一生,并不是因为他们懒惰,愚笨或习惯做错事;大多数人不成功的原因在于他们没有做对的事情。他们不知道成功和失败的分别何在。要达到成功的第一条守则就是;每天持续行动,不断地向前进。不要等待奇迹发生才开始实践你的梦想。今天就开始行动!对肥胖的人来说,每天散散步不是什么大不了的事,但是一旦付诸实行后,这就是一件大成就,何况,散步的确会让你的体重明显下降。除非你开始行动,否则你到不了任何地方,达不到任何目标。赶快行动,否则今日很快就会变成昨日。如果不想悔恨,就赶快行动。行动是消除忧虑的妙方。行动派的人从来不知道烦恼为何物,此时此刻是做任何事情的最佳时刻。如果总是认为应该在一切就绪后再行动,那么你会永远成不了大事。有机会不去行动,就永远不能创造有意义的人生,人生不在于有什么,而在于做什么。身体力行绝对胜过高谈阔

第七章　行动就有可能

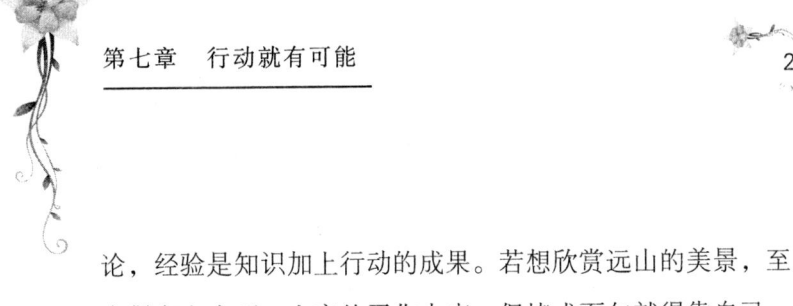

论,经验是知识加上行动的成果。若想欣赏远山的美景,至少得爬上山顶。上帝给了你大麦,但烤成面包就得靠自己。生命中的每个行动,都是日后扣人心弦的回忆。能者默默耕耘,无能者只说不练。任何空谈都是毫无意义的,行动决定一切。一百句空话抵不上一个实际行动,无论你的人生难关是什么,你今天都要开始行动,并且坚持不懈!